乡村振兴知识百问系列丛书

乡村振兴战略·
林果业兴旺

河南农业大学　组编
郑先波　主编

中国农业出版社
北　京

图书在版编目（CIP）数据

乡村振兴战略．林果业兴旺／郑先波主编．—北京：中国农业出版社，2018.12（2019.11 重印）
（乡村振兴知识百问系列丛书）
ISBN 978-7-109-24576-1

Ⅰ.①乡… Ⅱ.①郑… Ⅲ.①果树园艺 Ⅳ.①S

中国版本图书馆 CIP 数据核字（2018）第 206407 号

中国农业出版社出版
（北京市朝阳区麦子店街 18 号楼）
（邮政编码 100125）
责任编辑　郭银巧

中农印务有限公司印刷　　新华书店北京发行所发行
2018 年 12 月第 1 版　　2019 年 11 月北京第 2 次印刷

开本：850mm×1168mm 1/32　　印张：6.75
字数：180 千字
定价：25.80 元

发挥高等农业院校优势　助力乡村振兴战略（代序）

实施乡村振兴战略是党的十九大作出的重大决策部署，是决胜全面建成小康社会、全面建设社会主义现代化国家的重大历史任务。服务乡村振兴战略既是高等农业院校的本质属性使然，是自身办学特色和优势、学科布局的必然，也是时代赋予高等农业院校的历史使命和职责所在。面对这一伟大历史任务，河南农业大学充分发挥自身优势，助力乡村振兴战略，自觉担负起历史使命与责任，2017年11月30日率先成立河南农业大学乡村振兴研究院，探索以大学为依托的乡村振兴新模式，全方位为乡村振兴提供智力支撑和科技支持。

河南农业大学乡村振兴研究院以习近平新时代中国特色社会主义思想为指导，立足河南，面向全国，充分发挥学校科技、教育、人才、平台等综合优势，紧抓这一新时代农业农村发展新机遇，助力乡村振兴，破解“三农”瓶颈问题，促进农业发展、农村繁荣、农民增收。发挥人才培养优势，为乡村振兴战略提供智力支持；发挥科学研究优势，为乡村振兴战略提供科技支撑；发挥社会服务优势，为乡村振兴战略提供服务保障；发挥文化传承与创新优势，为乡村振兴战略提供精神动力。

成为服务乡村振兴战略的新型高端智库、现代农业产业技术创新和推广服务的综合平台、现代农业科技和管理人才的教育培训基地。

为助力乡村振兴战略尽快顺利实施，河南农业大学乡村振兴研究院组织相关行业一线专家，编写了“乡村振兴知识百问系列丛书”，该丛书围绕实施乡村振兴战略的总要求“产业兴旺、生态宜居、乡风文明、治理有效、生活富裕”，分《乡村振兴战略·种植业兴旺》《乡村振兴战略·蔬菜业兴旺》《乡村振兴战略·林果业兴旺》《乡村振兴战略·畜牧业兴旺》《乡村振兴战略·生态宜居篇》《乡村振兴战略·乡风文明和治理有效篇》和《乡村振兴战略·生活富裕篇》7个分册出版，融知识性、资料性和实用性于一体，旨在为相关部门和农业工作者在实施乡村振兴战略中提供思路借鉴和技术服务。

作为以农为优势特色的河南农业大学，必将发挥高等农业院校优势，助力乡村全面振兴，为全面实现“农业强、农村美、农民富”发挥重要作用、做出更大贡献。

河南农业大学乡村振兴研究院

2018年10月10日

前言

QIAN YAN

在党的十九大报告中，习近平总书记首次提出“实施乡村振兴战略”，并描绘出一幅“产业兴旺、生态宜居、乡风文明、治理有效、生活富裕”的美好前景。习总书记指出：“构建现代农业产业体系、生产体系、经营体系，完善农业支持保护制度，发展多种形式适度规模经营，培育新型农业经营主体，健全农业社会化服务体系，实现小农户和现代农业发展有机衔接。促进农村一、二、三产业融合发展，支持和鼓励农民就业创业，拓宽增收渠道。”习总书记指出的农业发展方向给我们点明了发展的道路，使广大农业从业者不仅仅是靠政府补贴这一条路，而是从当地实际出发，综合考虑资源禀赋、产业基础、市场需求、生态环境等因素，选择适合自身发展的特色优势产业。要把产业融合发展成为农村创新创业的热点和亮点，促进农业增效、农民增收、农村繁荣。

我国果树栽培历史悠久，产业迅猛发展，果树栽培面积和产量稳居世界第一。果树产业已成为继粮食、蔬菜之后的第三大农业种植产业，是国内外市场前景广阔且具有较强国际竞争力的优势农业产业，也是许多地方经济发展的亮点和农民致富的支柱产业之一。我国约有1亿农民从事果树业，果品年产值将近4000亿元，在国内种植业中居第3位，是农民增收的主要产业之一。

为了充分发挥果树产业在乡村振兴战略中的经济、生态和社会价值，为广大果树生产者、经营者和决策者提供更好的技术指导。我们组织了河南农业大学的部分果树专家，结合自己的科研、教学和社会实践，依据相关部门制定的有关行业标准，并参考大量文献共同编写了本书。针对每一个树种，从产业趋势、品种分类、优良品种、育苗、建园、土肥水管理、整形修剪、花果管理、病虫害防治等方面各设计10～15个问题并回答，整理出实用的周年管理工作要点。具体分工为：郑先波教授编写总论、核桃和板栗部分，叶霞副教授编写葡萄、大樱桃和草莓部分，谭彬副教授编写桃、枣部分，白团辉副教授编写苹果、梨和杏部分。最后由郑先波教授对全书进行修改和统稿。

我们的初衷是通过回答问题的形式，先从常见果树共性问题入手，然后分树种提出问题并回答，以便更好地为广大农民兄弟、农业企业家、农业技术推广人员和管理干部服务。但由于水平有限，编写时间紧、任务重，未必能够完全实现初衷，不当之处，敬请批评指正。同时，在编写过程中，参考了一部分同行的技术资料，在此一并表示感谢！

编　者

2018年3月于郑州

目录

MU LU

一、总论

1. 我国果树产业在"实施乡村振兴战略"中的作用与前景如何?

我国幅员辽阔，地跨寒、温、热三带，果树资源丰富，品种繁多，是世界最大的果树起源地之一。果树栽培历史悠久，园林技艺源远流长，素有世界"园林之母"的美誉。改革开放以来，在国家农业优扶政策支持、科技进步以及市场经济发展的背景下，果树产业迅猛发展，近年来，果品生产保持了年增5%左右的发展速度。从1993年至今，果树总面积和总产量一直稳居世界第一。同时，果品的质量和产业化水平也在不断发展和提高。目前，果树产业已成为继粮食、蔬菜之后的第三大农业种植产业，是国内外市场前景广阔且具有较强国际竞争力的优势农业产业，也是许多地方经济发展的亮点和农民致富的支柱产业之一，果品年产值将近4 000亿元，在国内种植业中居第3位，占经济总值的0.4%，是农民增收的主要产业，有1亿农民从事果树业，果农人均收入4 000元。

产业兴旺是乡村振兴的关键。随着人民生活水平的进一步提高，城镇和农村居民人均水果购买量逐年增加。随着果树产业规模的扩张，特别是乡村振兴、开发大西北，实施山川秀美工程的实施和深入，果树作为经济林所占份额快速增加，生态保护效益日益显现，果树产业的发展促进了中国一、二、三产业的繁荣，很多精品果园亩* 收入超过万元，而且随着生活水平的逐步提

---

* 亩为非法定计量单位，1亩≈667米^2，余同。——编者注

高，果树的文化与休闲功能日益突出，近年各地城郊休闲观光果园迅速发展。果树产业在中国农业产业发展中占有十分重要的战略地位，对促进乡村振兴意义重大。中共十九大提出的“促进农村一、二、三产业融合发展”，真是说到了果农们的心坎上。果树林既是经济林，又是绿色公园、天然氧吧，开发生态旅游有天然的优势。

2. 生产中常见的果树主要树种有哪些？

全世界的果树包括野生树种在内约有 60 科，2 800 种左右。其中较为重要的果树约 300 种，主要栽培的占 70 种，现有的栽培果树都是由野生种进化而来。经过人们长期在不同地区、不同气候条件下对野生果树进化和选育，才获得今天众多的果树优良品种。广泛作为经济栽培，成为大宗商品的落叶果树有苹果、梨、葡萄、枣、柿、桃、杏、李、梅、樱桃、板栗、核桃、山核桃、山楂、榛、石榴、银杏、猕猴桃、沙果和草莓等；常绿果树有柑橘类、菠萝、香蕉、荔枝、龙眼、枇杷、橄榄、椰子、杨桃、黄皮等。局部地区有一定栽培面积，有较大经济效益的树种有无花果、果桑、树莓、醋栗、木瓜、山葡萄、阿月浑子、越橘、番荔枝、西番莲、枣椰子、人心果、油梨等。

果树根据植物学分类，中国共有果树为 59 科，158 属，670 余种。其中尤以蔷薇科、芸香科、葡萄科、鼠李科、无患子科、桑科等种类较多，经济价值也最高。从世界果树看，山毛榉科、核桃科、芭蕉科、棕榈科、凤梨科、桃金娘科、漆树科、山竹子科、番木科都很重要。以属而论，柑橘属、李属、苹果属、梨属、树莓属、葡萄属、山竹子属、猕猴桃属等都是果树种类较多的属。

3. 什么是果树标准园？标准园建设有哪些要求？

果树标准园就是标准化、规模化、园区化的果园。标准园可实现规模化、集约化、品牌化经营。标准园建设技术要点需要从以下几个方面考量：

（1）园地要求　标准园的土壤、空气、灌溉水质量符合无公害食品相关水果产地环境条件行业标准。集中连片面积1 000亩以上。生产资料存放、生产区布局合理。具备采后处理、产品初步检测等设施设备。交通便利，园内水、路设施配套，做到涝能排、旱能灌，果园主干道硬化，能通过运输车辆。园内主干道入口处设立植物检疫警示牌。根据各地的生态条件和生产实际，选择适宜的栽培模式（露地、促成、延迟、避雨），具备必要的促成、延迟、避雨、防寒、防风设施。

（2）栽培管理要求　选用抗逆性强、抗病、优质、高产、商品性好、适合市场需求的品种。同一果园，要求主栽品种一致，纯度99%以上。除果园土壤类型或抗病性等特定需要外，同一个果园，相同的接穗品种应采用相同的无病毒砧木，砧木纯度98%以上。无检疫性病虫危害。适宜采用生草栽培或种植绿肥，要求草和绿肥种类与果树没有共生性病虫害，且为浅根、矮杆和非藤蔓类。适宜覆盖的果树，旱季或冬季提倡树盘覆盖或全园覆盖。保持树盘下及周边地表疏松。地表严重板结的，在非雨季适度中耕。根据年周期内不同物候期对肥料的需要量和土壤肥力情况进行施肥，果树施肥分为基肥、追肥和根外追肥3种方式，力争做到配方施肥。施肥原则以有机肥为主、化肥为辅，保持或增加土壤肥力及土壤微生物的活性。所施用的肥料不应对果园环境和果实品质安全产生不良影响。灌水时期、方法、用量合理。提倡节水灌溉（喷灌、滴灌），科学合理用水。综合应用土肥水管理和植保措施，维持正常开花结果，无明显大小年。产量连续3年高于当地省（自治区、直辖市）相同树龄果园平均水平20%以上。果实形状、大小、颜色、外观等基本整齐，优质果率80%以上。果实内在品质达到该品种的固有特征。合理密植或通过间伐、修剪等措施控制树冠。株间无严重交叉。树冠通风透光良好，无严重枝叶重叠，树冠内病虫害枝和枯枝少。植株生长整齐，树冠大小、高度、树形基本一致。无严重病虫害树，缺株率≤2%。采用农业、物理、生物、化学等综合防治措施，全面应用杀虫灯、性诱剂和粘虫板，病虫危害控制在经济阈值以下。科学使用农药，禁止使用高毒、高残留农药或其他禁限用农药。实行病虫害专业化防治统治。严格执行农药、化肥施用后采收安全间隔期，不合格的产品不得采收上市。根据果实成熟度、用途和市场需求综合确定采收期，杜绝早采。成熟期不一致的品种，应分期采收。采收时，轻拿轻放，避免碰伤。具有出口订单的果园依据果品计划供应市场的时间按成熟度确定采收期，采后尽快运输并进行预冷等加工处理。将残枝落叶、果袋等废弃物及杂草清理干净，集中进行无害化处理，并进行越冬病虫害的防治，保持果园清洁。

（3）采后处理要求 配置必要的预贮间、分级、包装等采后商品化处理场地及配套的设施，如田间临时存放，应建有遮阳棚等简易设施。有条件的地区建立冷链系统，实行运输、加工、销售全程冷藏保鲜。按照水果等级标准，统一进行分等分级，确保同等级水果的质量、规格一致。产品须经统一包装、标识后方可销售。标识应当按照规定表明产品的品名、产地、生产者、生产日期、采收期、产品质量等级、产品执行标准编号等内容。包装材料不得对产品造成二次污染。

（4）产品要求　产品符合食品安全国家标准或行业标准。通过无公害食品水果产地认定和产品认证，有条件的积极争取通过绿色食品、有机食品和GAP认证及地理标志登记。产品须统一品牌，且有一定市场占有率和知名度。商标通过工商部门注册。

（5）质量管理要求　农药购买、存放、使用及包装容器回收管理，实行专人负责，建立进出库档案。生产档案记录制度。统一印发生产档案本，有较为完整的生产管理档案记录，包括使用的农业投入品的名称、来源、用法、用量和使用日期，病、虫、草害及重要农业灾害发生与防控情况，主要管理技术措施，产品收获日期。档案记录保存两年以上。配备必要的常规品质检查设备和农药残留速测设备，对果实可溶性固形物含量测定和农药残留进行检测，检测不合格的产品一律不得上市销售，销售的产品要有产地准出证明。对标准园内生产者和产品进行统一编号，统一包装和标识，有条件的应用信息化手段实现产品质量查询。有条件的地区，需要记载果树营养诊断数据和施肥及矫正方案，确保从生产源头上控制果品产量和质量。

4. 果树管理是一个系统工程，主要包括哪六个方面？

（1）优良品种是前提　果树品种和苗木质量直接关系着果园的经济效益和建园成败，对果园栽植成活率、果园整齐度、经济寿命及生长结果、果品质量、抗逆性等有着重要影响。培育和生产品种纯正、砧木适宜、生长健壮、根系发达、无检疫对象或病毒病的优质苗木是新建果园早果、优质、丰产的基础。

（2）土肥水管理是基础　土壤是果树生长与结果的基础，是水分、养分供应的源泉。土层深厚、土质疏松、通气良好，则土壤中微生物活跃，就能提高土壤肥力，从而有利于根系生长和吸收，对提高果实产量和品质有重要意义。

(3) 整形修剪是调整 整形修剪可以控制树冠大小，使树体结构合理，枝条稀密适度，便于管理；能较好地调节生长与结果的矛盾改善通风透光条件，提高果品产量和质量。

(4) 病虫害防治是保证 为了减轻或防止病原微生物和害虫危害作物，而人为地采取某些手段，可分为采用杀菌剂或杀虫剂等化学物质进行的化学防治；改变作物品种，栽培时间或环境以减少危害的耕作防治；以利用天敌为主的生物防治等。

(5) 花果管理是核心 加强果树花期和果实的管理，对提高果品的商品性状和价值，增加经济收益具有重要的意义，也是实现优质、丰产、稳产和壮树的重要环节。

(6) 果品销售是目的 为了最大限度地实现果品价值，以增加市场占有率（市场份额）为主要目标进行策划，创建品牌，尽量实现品牌化销售。

5. 果树生产中如何选择树种和品种?

新品种不一定是优良品种，老品种不一定不是优良品种。比如苹果，市场上出现的新品种很多，但是老品种红富士一直占主导地位，虽是老品种，却是优良品种。新审定的品种就是新品种。每年由林木良种审定委员会审定的新品种层出不穷，加大了果农选择树种的难度！尤其是一些不良商贩，把一些表现特征普通，甚至把淘汰了的品种改换个名字重新包装上市，给果农造成很大的损失。

到底怎么选择新品种呢？以桃为例！首先，以市场为导向！市场上什么样的桃卖得好，我们就种什么桃树品种。但是这个不是看当前的市场，要预测 5～10 年及以后的市场。因为一般桃树都是 3 年才进入丰产期，没有个十年八年的市场好行情，赔钱是一定的。要选择抗旱、抗病、抗虫好的品种。管理省心省事，少打农药，果品品质自然提高。根据市场需求，不同的群体，生产出好吃（好吃才是硬道理）、好看（品相好，让人看一眼就想吃）、好管（抗性高，抗病、抗虫、抗旱、抗寒）、好卖的色香味俱佳的优质水果。种植果树要因地制宜，适地适树。

6. 我国果园土壤的现状如何？

土壤是果树生长与结果的基础，是水分、养分供应的源泉。土层深厚、土质疏松、通气良好，则土壤中微生物活跃，就能提高土壤肥力，从而有利于根系生长和吸收，对提高果实产量和品质有重要意义。肥是果树生长所需的营养，是生长与结果的物质基础。施肥就是供给果树生长发育所需要的营养元素，并不断地改善土壤的理化性状，给果树生长发育创造良好的条件。水是果树生长健壮、高产稳产、连年丰产和长寿的重要因素。由于水分是通过土壤供给果树的根系吸收的，所以土壤状况直接影响果树对水分、养分的吸收。

现阶段，先进的科学技术逐渐应用到农业生产中，但由于生产过程中存在不科学之处，导致土壤出现板结，蓄水能力下降，肥效降低，给农业生产造成了严重的影响。化肥的过量施用不仅导致肥料利用率下降，农业生产效益降低，而且对生态环境造成不利影响。如过量施用氮肥时，深层土壤硝态氮积累量大幅度增加，淋洗风险大大增强。农业上长期施用高量氮肥是造成地下水硝酸盐污染的重要原因之一。水体富营养化引起的面源污染主要是由于农村种植业高量投入氮磷肥向水体的径流输出引起的。因此，受集约化高产、高投入的驱动，作为现代果业发展基础的果园土壤质量出现了土壤酸化、土壤重金属积累毒害加重等不同程度的退化现象，导致单产低、品质差等问题。这些生产技术上所存在的问题及差距严重影响了果园生产体系的良性持续发展。

7. 果园滴灌有哪些优点？

滴灌是近几年来迅速发展起来的一种节水、高效灌溉技术，滴灌是通过滴头点滴的方式，缓慢地把水分送到作物根区的灌水方法。滴灌具有以下优点：

（1）省水、节省能源 滴灌比地面沟灌节约用水30%～40%，从而节省了抽水的油、电等能源消耗。

（2）滴灌基本不影响地温 滴管灌溉水量少，而且不是短时间一次性灌入，所以对地温的直接影响小。而且滴灌是把水灌在地下根区，地面蒸发水量小，减少了土壤蒸发耗热，所以，滴灌果园的地温一般要比传统地面灌溉的高，因此果树生长快、成熟早。这在设施栽培中就更为显著。

（3）对土壤结构的破坏显著减轻 滴灌是采取滴渗浸润的方法向土壤供水，不会造成对土壤结构的破坏。

（4）降低了空气湿度 由于地面蒸发大大减少，果园树冠周围空气相对湿度比地面灌溉降低10%左右，从而大大地降低了病虫害的发生和蔓延。

（5）减轻病害 减少了某些靠灌溉水传播病害尤其是根癌病的传播和再侵染机会。

（6）滴灌结合追肥施药，提高了劳动生产效率 在滴灌系统上附设施肥装置，将肥料随着灌溉水一起送到根区附近，不仅节约肥料，而且提高了肥效，节省了施肥用工。一些用于土壤消毒和从根部施入的农药，也可以通过滴灌施入土壤，从而节约了劳力开支，提高了用药效果。

(7) 灌溉省工省力　滴灌是一种半自动化的机械灌溉方式，安装好的滴灌设备，使用时只要打开阀门，调至适当的压力，即可自行灌溉。

8. 如何改善果实的外观品质？

果实品质包括内在品质和外观品质。内在品质以肉质的粗细、风味、香气、果汁含量、糖酸含量及其比例和营养成分为主要评价依据；外观品质主要从果实大小、色泽、形状、洁净度、整齐度、有无机械损伤及病虫害等方面评价。

(1) 增大果实，端正果形　具体措施：①人工辅助授粉；②合理留果量；③应用植物生长调节剂。

(2) 改善果实色泽　可从五方面着手：①创造良好的树体条件；②果实套袋；③摘叶和转果；④树下铺设反光膜，在果实着色前期铺设为宜；⑤应用植物生长调节剂，如果宝素、乙烯利、B_9 等。

(3) 改善果面光洁度　具体措施：①果实套袋可以有效地保护果实远离病虫危害、空气和药剂污染及枝叶磨伤，从而使果面光洁细嫩，色泽鲜艳，减少锈斑，且果点小而少；②合理使用农药及其他喷施物，施用不当往往会刺激果面变粗糙，甚至发生药害，影响果面光洁度和果品性状；③喷施果面保护剂；④洗果，洗去果面附着的水锈、药斑等。

9. 整形修剪的关键是什么？

整形指果树在幼树期进行的树体培养，根据果树的生长结果习性，不同的立地条件、不同的管理方法和经营目标将果树通过修剪的方式培养成一定的树体结构。修剪指通过一系列的人工技术如短截、疏枝、回缩等，对果树的枝干进行处理，使果树成形，枝条分布合理，能够充分利用光热资源，有效稳定地进行生长和结果的技术。整形与修剪的结合，称为果树整形修剪。实际上两者密切相关、互为依存，整形需要修剪才能达到目的；修剪只有在合理整形的基础上，才能充分发挥其作用。

（1）调节果树与环境的关系 选择合适的树形；改善光照条件；增加光合面积。

（2）调节树体各部分的均衡关系 利用地上部分和地下部分动态平衡关系调节果树树体的整体关系；调节营养生长与生殖生长的均衡；调节同类器官的均衡。

（3）调节生理活动 调节树体的营养和水分状况；调节果树的代谢作用；调节内源激素，内源激素对植物生长发育、养分运输和分配起调节作用。不同器官合成的主要内源激素不同，通过改变不同器官的数量、活力及其比例关系，从而对各种内源激素发生的数量及其平衡起到调节作用。

10. 病虫害防治的原则是什么？

以农业和物理防治为基础，提倡生物防治，按照病虫害的发生规律和经济阈值，科学使用化学防治技术。选用适应性好的品种或抗病虫品种；用综合栽培方法保持树体健壮、果园内及树体内部的通风透光；保护果园内生态环境，保护天敌，提倡放养天敌——生物防治；采用物理手段——杀虫灯、糖醋液、粘虫板、性诱剂等；采用化学手段——杀虫剂、杀菌剂。注意杀灭所有害虫是不现实的，只有当病虫明显影响产量或品质时，才考虑用化学手段。

11. 果园生草有什么作用?

果园生草栽培是在果树行间或全园种植草本植物作为覆盖物的一种果园土壤管理方法。生草法是一项较为简单，安全无副作用的果园土壤改良技术。果园生草栽培对果园小气候、土壤、果实品质等都有很大影响。生草是一种优良的土壤生态耕作方式，符合当代所倡导的生态农业和可持续发展农业，欧美地区果园普遍采用生草法或生草—覆盖法，我国果园生草研究起步较晚，仍以清耕法为主。研究表明，生草是一种先进的生态耕作技术，能够改善土壤质地、提高有机质含量、改善园内生态环境、减少病虫害、提高果实的质量，便于机械化管理，节省劳动力、减轻劳动强度，可抑制杂草，降低生产成本。

12. 果园生草模式及技术要领是什么?

(1) 生草模式　主要采用两种生草模式：园内行间人工生草，距离植株30～50厘米的行间播种牧草，行内（树盘）清耕或免耕；行间自然生草，距离植株30～50厘米的行间保留自然优势草，行内（树盘）清耕或免耕。生草在不埋土地区是一种最佳的土壤管理模式。

(2) 草种选择　果园生草要求草的高度要低矮、生长迅速、产草量大、需肥量小，最好选择有固氮作用的豆科植物，没有或很少发生与果树相同的病虫害。目前使用较多的有三叶草、野燕麦、紫云英、沙打旺、小冠花、百脉根、毛叶苕子、黑麦草、紫叶苋等。具体草种应根据当地的立地条件进行选择。

(3) 播种时间　草种萌芽生长需要一定的温度和较高的土壤水分，人工生草一般在春季或秋季、当土壤温度稳定在15～

20 ℃进行播种，且最好是在降雨（小雨）较多的时段进行播种，可有效地提高出苗率、促进幼草生长。陕西渭北地区宜种时间是春季的 4～5 月或秋季的 8～9 月。

（4）播种量 不同草种因种子大小有较大差异，适宜的播种量也就不同。果园播种白三叶草每亩 0.75 千克、紫花苜蓿每亩 1.2 千克、多年生黑麦草每亩 1.5 千克等。

（5）播种方法 园地播种前，首先应清除园内的杂草，深翻地面 20 厘米，墒情不足时，翻地前要灌水补墒，翻后要用耧耙整平地面。条播、撒播均可，条播更便于管理。草种宜浅播，一般播种深度 0.5～1.5 厘米，禾本科草类播种时可相对较深，一般为 3 厘米左右。条播时，开深度 0.5～1.5 厘米的沟，将草种与适量细沙（草种的 3～5 倍）混匀播种在浅沟内，用细沙或细土填沟。撒播时，将混匀的草种和细沙均匀地撒播在整平的行间，用铁耙轻轻地划过。为了保持土壤墒情、有利于出苗，有条件时可以用麦草等覆盖，不宜用大水漫灌。

二、苹果

13. 我国苹果产业发展现状与前景如何？

我国是世界上最大的苹果生产国和消费国，苹果种植面积和产量均占世界总量的50%以上，在世界苹果产业中占有重要地位。中国正从苹果生产大国向苹果产业强国迈进。我国苹果产区分布在山东、陕西、甘肃、河南、河北、辽宁、山西和新疆等地。从区域变化来看，环渤海湾优势区面积和产量下降，黄土高原优势区持续快速增长，其中，陕西和甘肃发展较快，已成为最具发展潜力和优势的新兴苹果产区。

近年来，由于优良品种的引进与推广、栽植技术与果园管理水平的提高、果园挂果面积比重增加等多种因素的作用，我国苹果单产水平逐年增加，这也是促进苹果总产量持续增长的主要原因之一。我国苹果单产虽连年增加但与苹果生产先进国家的单产水平相比，仍有提升空间。果园管理由单一重视地上转向地上、地下协同并重，有机肥投入加大，苹果产业整体发展良好，收益持续增加，提高了果农果园投入与管理的积极性。以整形修剪、疏花疏果、套袋等为代表的果园精细化管理技术已全面普及。围绕果园生态恶化、树体不断衰弱等制约产业发展的突出问题，主产区果农更加注重有机肥投入，不断提高土、水、肥综合管理水平，土壤质量下降和树势衰弱得到抑制。部分产区成龄果园病虫害减轻，早期落叶病得到有效控制，果品质量得到较大提高。

尽管种植面积、总产量为全球之最，但随着我国城市化的快速推进，农村青壮年，有知识和能力的多外出打工，从事果园劳动的多为老、弱、病、残、妇。这种现象的存在意味着苹果产业必须转型升级，通过机械化生产提高果业生产的管理水平成为必然选择。近年来，围绕苹果产业“节本、提质、增效”的可持续发展目标，在政府、产业技术体系及业界的共同努力下，加快了以矮砧密植和乔砧密植为主的多元化栽培模式创新，大力推进品种创新和优质种苗推广，生产模式转型、技术升级加快，新建果园栽培模式、品种结构得到明显优化。

14. 苹果有哪些营养价值？吃苹果有什么好处？

苹果有“智慧果”“记忆果”的美称。人们早就发现，多吃苹果有增进记忆、提高智能的效果。苹果不仅含有丰富的糖、维生素和矿物质等大脑必需的营养素，而且更重要的是富含锌元素。据研究，锌是人体内许多重要酶的组成部分，是促进生长发育的关键元素，锌还是构成与记忆力息息相关的核酸与蛋白质的必不可少的元素，锌还与产生抗体、提高人体免疫力等有密切关系。苹果的香气是治疗抑郁和压抑感的良药。专家们经过多次试验发现，在诸多气味中，苹果的香气对人的心理影响最大，它具有明显的消除心理压抑感的作用。临床使用证明，让精神压抑患者嗅苹果香气后，心境大有好转，精神轻松愉快，压抑的心情得以消除。

苹果中的苹果酸有美白的效果。试验证明，失眠患者在入睡前嗅苹果香味，能较快安静入睡。将苹果洗净挤汁，每次服100毫升，每日3次，连续服用，15天为一疗程，具有降低胆固醇含量的作用。此外，苹果中的含钙量比一般水果丰富，有助于代谢掉体内多余盐分。苹果酸可代谢热量，防止下半身肥胖。至于可溶性纤维果胶，可解决便秘。果胶还能促进胃肠道中的铅、汞、锰的排放，调节机体血糖水平，预防血糖的骤升骤降。苹果中的维生素C是心血管的保护神、心脏病患者的健康元素。当前空气污染比较严重，多吃苹果可改善呼吸系统和肺功能，保护肺部免受空气中的灰尘和烟尘的影响。另外，吃较多苹果的人远比不吃或少吃苹果的人感冒概率低。所以，有科学家和医师把苹果称为“全方位的健康水果”或称为“全科医生”。

15. 富士系苹果的优良品种有哪些？

富士系包括富士及由富士芽变而选出的着色系富士、短枝富士、早熟富士等（表1）。富士由日本农林水产省果树试验场盛冈支场杂交育成，亲本为国光×元帅。1966年日本长野县首先发现了富士的着色系枝变，之后相继选育出了100余个在果实着色、株型、成熟期方面不同的芽变系品种。生产上通常把富士的着色系芽变品种（系）统称为红富士，果实按色相分为Ⅰ系和Ⅱ系，Ⅰ系果实色泽为全面片红，Ⅱ系为条红。该品系以其外观美丽、品质上佳和耐藏性好而风靡全球。

表1 富士系苹果的优良品种介绍

品种	来源	生长特性
富士	日本园艺试验场东北支场以国光为母本，元帅为父本进行杂交育成	树冠高大，幼树树姿直立，结果树树姿较开张。萌芽率高，成枝力强，长、中、短果枝及腋花芽均可结果，初结果树以长果枝结果为主，正常结果后，则以短果枝结果为主。果台抽枝力强，连续结果能力差。适应性较强，但抗寒性较差，对氮肥敏感
长富2号	日本长野园艺试验场选育的富士着色系芽变品种	树冠高大，幼树树姿直立，生长势强，树冠扩张快，新梢生长量大。结果树树姿开张，生长健旺。萌芽率高，成枝力强。长富2号苹果有长、中、短果枝及腋花芽结果习性。初结果树以长、中果枝和腋花芽结果为主，进入正常结果后，则以短果枝结果为主。适应性同富士

（续）

品种	来源	生长特性
岩富10号	日本岩手县园艺试验场选育的富士着色系芽变	树冠高大，树姿、树势与富士及其芽变品种长富2号相似。幼树树姿直，结果树树姿较开张，立树势健壮。萌芽率高，成枝力强。长、中、短果枝及腋花芽均可结果，初结果树以长果枝结果为主，正常结果后，则以短果枝结果为主。果台抽枝力强，连续结果能力差。适应性较强
弘前富士	从富士苗木中选出的易着色、极早熟红富士品种	树势强健，萌芽率高，成枝率中等，果枝连续结果能力较强
红将军	日本山形县于1982年由富士园中发现选出的着色系芽变	树势强健，树姿开张，比富士稍弱，萌芽率高，成枝力较强。初果期以长果枝结果为主，然后逐渐转移为以短果枝结果为主。丰产性、适应性同富士
2001富士	日本由富士中发现的晚熟着色系芽变	树势强健，枝条粗壮，生长量大。新梢生长势强，萌芽率高，成枝力强。幼树生长旺盛，长枝比例大，随着树龄的增长，中枝、短枝、叶丛枝的比例逐年增大。早结果、早丰产，无大小年，丰产稳产，以短果枝结果为主。栽植第三年开始结果，5年生进入盛果期。适应性较广

16. 元帅系苹果的优良品种有哪些？

以元帅为始祖的无性系品种称为元帅系品种，现已拥有120多个品种，第一代是元帅；第二代有近30个品种，以红星、红冠为代表；第三代有59个品种，以新红星、超红、艳红等短枝型品种为代表；第四代有22个品种，以首红、魁红等短枝型品种为代表；第五代有9个品种，以阿斯、瓦里短枝等短枝型品种为代表（表2）。元帅系的共同特点是：果形高桩，五棱突出，色红，味甜，美观艳丽。元帅系品种以其独特的风味和鲜艳美丽的外观而在世界苹果栽培历史上经久不衰。

表 2　元帅系苹果的优良品种介绍

品种	来源	生长特性
元帅	在美国衣阿华州于钟花苹果的根蘖苗中发现的株变	树势强健，树冠开张。幼树生长较旺，结果期较迟，短果枝结果为主。果实有自疏现象，生理落果现象较重，修剪反应明显。适应性强，抗寒性强
红冠	原产美国，元帅系第二代品种，于 1915 年发现	树势强健，树冠较大，成枝力强，喜肥水。幼树生长旺盛，树枝直立向上，幼树枝条开张角度小，对修剪反应敏感。幼树和初果期成枝力强。以短果枝结果为主，坐果率比红星高，产量高
红星	元帅系第二代品种，1921 年在美国新泽西元帅植株上发现的着色好、条红型的芽变品种	树势强健，树冠较大，开张。萌芽力较强，成枝力强。幼树生长旺盛，分枝角度小，修剪反应敏感。盛果期后树势易变弱，衰弱后不易恢复。结果较迟，以短果枝结果为主。适应性强，耐寒抗旱
新红星	元帅系第三代品种，是元帅系优秀短枝型芽变的代表	短枝型品种，树势较强，树姿直立，树冠较矮小，节短枝粗，萌芽率高，成枝力弱。短枝多，停长早，易丰产，稳产。以短果枝结果为主，有腋花芽结果习性，坐果率中等，适应性较和抗逆性较强
首红	元帅系第四代品种，美国华盛顿州奥塞罗县发现的新红星枝变	短枝型品种，树冠枝型紧凑，适于密植。幼树树姿直立，生长势中庸，萌芽率高，成枝力弱，新梢短。以短果枝结果为主，并有中果枝结果，坐果率中等，较丰产。抗逆性、适应性强，在干旱瘠薄的土壤上表现较差
阿斯	又叫艾斯，元帅系第五代品种，1970 年在美国俄勒冈州发现的俄勒冈矮红的芽变	长势较强，年生长量比新红星大 20%～30%，属半矮化短枝型，树冠较开张，结果后短枝性状明显，短枝结果性能好

17. 嘎啦系苹果的优良品种有哪些？

嘎啦系包括嘎啦及其着色优系。嘎啦由新西兰选育，由Kidd's Orange Red×金冠杂交培育而成。1939年入选，1960年发表并推广。目前世界上已选出40多个浓红、早熟、大果型等芽变优系品种。生产上常见的有皇家嘎啦、丽嘎啦、红嘎啦等（表3）。近年来我国也筛选出了一些嘎啦优良芽变品系，如山东选育的烟嘎1号、烟嘎2号，陕西选育的皇家嘎啦浓红芽变、早熟芽变品系等。总的来看，嘎啦系苹果是世界中熟苹果主栽品种之一。

表3　嘎啦系苹果的优良品种介绍

品种	来源	生长特性
嘎啦	新西兰育成，亲本为红基橙×金冠	树势中庸，树姿开张，坐果率高，丰产，为中早熟品种中的主栽品种。生长势中庸，以中短果枝及腋花芽结果为主，坐果率高，丰产性强
皇家嘎啦	又叫新嘎啦，新西兰品种，1971年比尔·霍夫从嘎啦中发现的着色系枝变	树势强健，树姿较开张，萌芽率高，成枝力弱，易形成短枝。长、中、短枝及腋花芽均可结果，幼龄树腋花芽结果占比率高，盛果期树以中、短果枝结果为主。易成花，早果性好，坐果率高，连续结果能力强，丰产、稳产性强。适应性、抗逆性均强，易管理
丽嘎啦	新西兰选育的皇家嘎啦着色系芽变	树势强健，树姿较开张，萌芽率高，成枝力强。果实着色早、亮度好、果个大、成熟早。长、中、短枝及腋花芽均可结果，以中短果枝结果为主，连续结果能力强，丰产性强，稳产、无大小年现象，适应性广，抗逆性强

（续）

品种	来源	生长特性
红盖露	西北农林科技大学园艺学院选育的皇家嘎啦浓红色早熟芽变	树势强健，树姿较开张，萌芽率高，成枝力强。枝条较粗壮，秋梢生长量小。初果期长、中、短果枝及腋花芽均能结果，易形成腋花芽，盛果期树以中、短枝结果为主，有一定自花结实能力。极易成花和结果，丰产，连续结果能力强。抗性和适应性强，耐瘠薄，易管理
陕嘎 3 号	陕西省果树研究所选育的嘎啦新品种	树势强健，早果性好，丰产性强，以中短枝结果为主，连续结果能力强，无大小年结果现象

18. 金冠系苹果的优良品种有哪些？

金冠系不但包括金冠及其芽变选出的短枝型品种，如金矮生、矮黄等，包括从金冠的实生后代中选出的品种，如津轻、王林等，还包括以金冠为亲本杂交选出的后代，如乔纳金、嘎啦、秦冠等（表 4）。该品系以其结果早、产量高和优良的果实风味而称著于世。

表 4　金冠系苹果的优良品种介绍

品种	来源	生长特性
金冠	又名金帅、黄元帅、黄香蕉等，是金帅系的鼻祖品种。1914 年在美国西弗尼吉亚州发现	树势强健，干性强，树冠半开张，枝条细而充实，萌芽率高，成枝力较强，修剪反应不敏感，易出现上强下弱现象。初果期以中、长结果枝及腋花芽结果为主，进入盛果期后以中短果枝结果为主。连续结果能力强，易成花，坐果率高，早果、丰产，适应性强，幼果期遇雨或农药使用不当，易发生果锈，抗早期落叶病差

（续）

品种	来源	生长特性
金矮生	美国在1960年发现的金冠短枝型芽变	该品种为短枝型品种，树势强健，树体较小，约是金冠品种的3/4左右，属半矮化类型，直立，萌芽率高，成枝力较金冠弱，短果枝结果多，个别有腋花芽结果，自花结果率较高，易成花，易丰产。适应性广，对白粉病、褐斑病抗性比金冠强
津轻和红津轻	津轻由日本青森县苹果试验场1943年从金冠实生后代。以后日本又从津轻中选出了一批红色芽变品种，包括坂田津轻、轰系津轻、秋香、芳明等优系，这些统称为红津轻	乔化品种，树冠高大。幼树生长旺盛，有直立倾向，树冠成形快，结果树树姿开张，树势中庸。萌芽率高，成枝力强，果台抽枝力强。初结果期长果枝结果较多，有腋花芽结果，盛果期后以短果枝结果为主，花序坐果率中等，较丰产，采前落果较多。适应性强，抗寒，果面易生果锈
王林	由日本福岛县从金冠与印度混栽园的金冠实生后代中选出	树势强，树姿直立，树冠紧凑，分枝角小，生长旺盛，萌芽率中等，成枝力强，多发中、长枝，枝条较硬。长、中、短果枝及腋花芽均有结果能力，初结果树以长中果枝结果为主，进入正常结果后，以中、短果枝结果枝为主，坐果率中等，果台枝连续结果能力较差，较丰产。适应性强，幼树期间要注意整形，尽早拉枝开角
乔纳金	美国纽约州农业试验站育成，亲本金冠×红玉	乔纳金为三倍体品种，树势强，树姿较开张，萌芽率较高，成枝力强，枝梢较软，常呈下垂状。以短果枝结果为主，腋花芽结果也较多，坐果率高，丰产。较易感白粉病、轮纹病及易受瘤蚜、红蜘蛛危害。要注意配置两个二倍体品种为授粉品种
华冠	中国农业科学院郑州果树研究所王宇霖等用金冠×富士杂交育成	树势强旺，树姿开张，干性较弱，萌芽率较低，成枝力弱，故枝条后部易光秃。有幼树腋花芽结果习性，大量结果后以中、短果枝结果为主，坐果率高，丰产。适应性强，但耐寒性较弱，多雨年份易产生果锈
秦冠	陕西省果树研究所育成，亲本金冠×鸡冠	生长势强，树姿较开张。萌芽率中等，成枝力强，早果性、丰产性突出。初结果以长果枝和腋花芽为主要结果部位，盛果期后以中、短果枝和腋花芽结果为主，坐果率高，有较强的自花授粉能力

19. 其他优良苹果品种有哪些？

其他优良苹果品种见表5。

表5　其他优良苹果品种介绍

品种	来源	生长特性
藤牧一号	又称巨森，美国伊利诺期州立大学等三所大学协作育成	树势健壮，树姿直立，萌芽力较高，成枝力中等，开始结果早，产量中等。以短果枝结果为主，腋花芽结果能力强。坐果率较高，较丰产。果实成熟期不一致，有采前落果现象，管理差时果个偏小。适应性广，抗逆性强
晨阳	加拿大太平洋和农业食品研究中心从10C-10-19于PCF-3-20杂交后代中选育出的新品种	树势中庸偏旺，树姿较开张，萌芽率高，成枝力中等，易形成短枝。成龄树长、中、短枝和腋花芽均可结果，以短果枝结果为主。早果性好，坐果率高，丰产性较强。适应性广、抗逆性均强，抗病性也较强。但成熟度不一致，有采前落果现象
秦阳	西北农林科技大学园艺学院果树所于1998年从皇家嘎啦实生苗中选出的早熟苹果新品种	树势较旺，树姿较开张，呈圆锥形。该品种萌芽率高，成枝力中等，幼树以长果枝和腋花芽结果为主，成龄树长、中、短枝和腋花芽均可结果，以短果枝结果为主。早果、坐果率高，丰产性好，适应性广，抗逆性较强
信浓红	日本长野县果树试验场用津轻×比斯塔·贝拉杂交育成	树势强健，树势中庸，树姿半开张，萌芽率高，成枝力中等。初果期树长、中、短枝都能结果，盛果期树以短果枝结果为主。易成花，坐果率高，早果性强。适应性广，抗逆性强
美国8号	1984年由中国农科院郑州果树研究所从美国引入我国	幼树生长健旺，挂果后树势中庸，树姿直立，萌芽率中等，成枝力强，幼树腋花芽结果能力强，成龄树以中、短果枝结果为主，早果、丰产性好，适应性强，但易感染白粉病
蜜脆	美国明尼苏达大学园艺系研究。亲本为macoun × honeygold，1991年发表并命名	该品种适应性广，但不耐瘠薄。抗旱抗寒性强，但不耐瘠薄，适宜在肥力条件较好的土壤中栽培，在瘠薄、管理粗放的情况下产量低。抗病抗虫性强，对早期落叶病抗性强、对白粉病中抗，抗蚜虫、叶螨和潜叶蛾。果实易缺钙，贮藏期易发生苦痘病

（续）

品种	来源	生长特性
凉香	日本山形县南阳市船中和孝氏在富士和新红星混植园发现的实生新品种	树势中庸偏旺，树姿开张，萌芽率高，成枝力弱。以中短枝结果为主，有腋花芽结果习性，连续结果能力强，丰产，稳产，适应性强
秦星	由陕西省果树研究所以新红星为母本，秦冠为父本杂交育成的中晚熟苹果新品种	该品种树势强健，树冠紧凑，短枝性状明显，以短枝结果为主。结果早，丰产，稳产。抗逆性强，适应性广
新世界	日本群马县农业综合试验场北部分场用红富士×赤诚杂交育成	幼树树势健旺，树姿直立，结果后树势转向和缓，干性强。萌芽率高，成枝力中等，属半短枝类型。以短果枝结果为主，有腋花芽结果习性，花序坐果率高，丰产，稳产，抗病性强
粉红女士	粉红女士又称粉红丽人、粉红佳人，是澳大利亚以威廉女士与金冠杂交培育的苹果品种	树势强健，树姿较直立，萌芽率高，成枝力中等。幼树以长果枝和腋花芽结果为主，成龄树中、短枝和腋花芽均可结果。易成花，丰产性好，适应性强

20. 如何建立现代标准化苹果园？

（1）科学规划设计 进行科学的果园设计与栽植，是果树生产现代化、商品化和集约化栽培的首要任务和重要工作。建园地块确定后，要根据果园任务及当地具体情况，本着合理利用土地，便于管理的原则，最大限度地利用有利条件，克服不利因素，充分发挥土地、果树生产潜力，提高劳动生产效益，降低成本。百亩以上规模的果园，规划设计前要测量考察园地地形，最好绘出地形图。并对园地的土壤、小气候等自然条件进行详尽调查了解，综合分析，然后着手具体规划设计。在集中连片建园，农户分散经营的情况下，同样要求整体设计，统一规划。避免出现一户一个方案，一园一种模式的错误。

（2）园地选择 根据苹果树对环境条件的要求，认真选择地块。苹果树喜欢土层深厚、肥沃保墒性好又疏松的沙壤土。选择园地应首先做到旱能浇、涝能排、土壤含盐总量不超过0.3%，尤其注意夏季要能排涝，最近这几年不少人在南方承包大面积土地发展早熟品种抢占市场，赚了不少钱，也有因选择的区域不是苹果适宜区，又没有起垄栽培，导致死树情况时有发生。其次，建立高标准果园，应合理规划，力争实现灌、排、路、树系统工程配套，尤其要考虑现代化设施和机械能在果园当中应用。其三，建立高标准果园最好是集中连片，形成一定规模，便于统一管理和技术指导。其四，建园最好是交通便利，以利于产品调运和出售。

（3）园地区划　为了便于管理，果园在定植前要进行区划。大面积果园一般先划为若干大区，每个大区再划分若干小区；小面积果园只划分小区。小区是果园的基本生产单位。就生产实际来看，一般100亩为一个大区，20亩为一个小区。发展200亩以上的农户建议每个品种要种植50亩以上，选择的品种要错开成熟期，但品种不可分散栽植。果园的道路主要有干路、支路、小路三级组成。干路担负着园内、外和大区之间的交通，贯穿果区，能够汽车通行，常为大区的分界。支路为主要生产路，服务于一个或几个小区，能通行小型农用车，常为小区分界。小路多为小区内的作业道，能够通行小型拖拉机。

（4）苗木栽植　选择优质高产有特色并适宜当地气候条件的苹果品种。提倡优质壮苗建园，优质苗标准是苗干高度0.6～1.2米，苗干粗度（嫁接部位上10厘米处）乔化苗0.6～1厘米及以上芽体饱满。栽植密度取决于地块土质和选择的树形，一律采取南北行向。

现代建园普遍使用挖掘机进行园地整理和开沟，合理开沟施好肥料和秸秆是关键，也能改良将来栽植树下部的环境条件。挖宽、深各0.8米的通沟，表土和底土分放。沟挖好后随即将准备好的碾压或铡碎的秸秆杂草压入沟底，同时将表土填入并混合秸秆，然后再填底土。当沟填土至距地面 2/3 处时，以定植点为中心，每株施 5～10 千克腐熟有机肥、0.25～0.5 千克果树专用肥（和土要充分搅拌），同时保证栽植树苗的根系离肥料层 15～20 厘米，这样不会出现烧根情况。很多果农普遍认为先挖个小坑栽上以后再施肥，其实这样做果树生长缓慢，不利于优质早丰产。平原涝洼地一定要注意起垄，施足底肥后再起垄，垄高 30～40 厘米、宽 80～100 厘米。

栽前进行根系处理：一是剪根定干。剪除受损、腐烂和过长的根系。大量栽植可先定干，定干嫁接口以上留 20 厘米，但要保证有 4～5 个好芽，这样做省工同时便于栽植后覆膜等工作。二是栽植前泡苗。栽前将苗全部于水中浸泡一昼夜，使其充分吸水，尤其是远距离和邮寄的苗木这步必不可少。三是苗木用农药全部浸一下，药剂可以用碧护、宁南霉素、恶霉灵、吡虫啉等，起到杀菌杀虫卵的作用。

栽植前，进行定点，以便于将来园子整齐。地块畦面整好直接挖小坑栽植，要保证根系自然舒展，取行间表土埋根。土填至大概与地面相平时，将四周踏实，边踏边提动一下苗木，使其根系充分接触土壤。栽好后灌足水，缺水的地方也要保证每棵30～40 千克水，待水下渗后封坑保墒，栽植深度保持在嫁接口和原来地痕中间位置即可，不可过浅和过深，年前栽植的要培土 30 厘米高防寒保湿，年后栽植的要覆盖无纺布黑地膜保湿防草。

21. 苹果疏散分层形树形如何进行整形修剪？

生产中，苹果树的主要树形有疏散分层形、主干形、开心形、纺锤形和圆柱形等。

疏散分层形适用于中、大冠树形，其树体结构，强调培养基部三个主枝。此树形适于土层深厚、土质肥沃的稀植大树整形基本技术。从定干开始，需 5～6 年完成。定干，培养低矮主干，即在苗木定植时，或定植后萌芽前，离地面 80～100 厘米处短截，让其在剪口下整形带内萌发新芽。这一步也可在苗圃地进行。培养中央领导干并选留主枝。定干后，翌春剪口芽萌发成直立向上的枝条，剪口下也萌发许多枝条，选一直立生长的强旺新梢作中央领导干。冬季修剪时，选健壮、方向不同、相距 20～40 厘米（层内距）的 3 个分枝作三大主枝，从 80 厘米处短截，并对主枝进行拉枝开角。对中央领导干在分枝上部 80～100 厘米处短截，其余枝条去弱留强，注意避免重叠。

第二年，从各级主枝剪口下萌发的枝条中，分别选 1～3 个健壮枝做侧枝培养。当侧枝长至 50 厘米长时，摘心促生二次枝，作为二级侧枝培养。当二级侧枝长至 30～40 厘米长时，对强旺的新梢继续摘心，培养三级侧枝，其余二级侧枝在饱满芽处轻短截，促其早结果，作为临时性结果枝组。同层侧枝要避免发生交叉。同时，一级、二级侧枝间距 40 厘米左右，二级、三级侧枝间距 100 厘米左右，并注意侧枝的走向要始终与主枝延长头保持一致。在中央领导干上部选留 2 个新枝作为第二层主枝。冬剪时，适度回缩主枝，调整各级侧枝数量和伸展方向，避免交叉、重叠，对延伸过快的要进行回缩；对临时性结果枝组，视其有无伸展空间，做保留、回缩或疏除。短截第二层主枝，来年促生分枝。

第三年，选择直立生长的新梢作为中央领导枝，当长至80～100 厘米时，短截促生第三层主枝；第二层主枝短截，培养 1～2 个侧枝；当侧枝长至 30～40 厘米时，摘心培养结果枝组。冬季修剪时，适度回缩第一、第二层主枝，交替回缩和短截第一层主枝上的结果枝组。对主干上萌生的其他枝条，有伸展空间的短截作为辅养枝，无伸展空间的一律疏除。

第四至第六年，在主干上选留一个枝作为第三层主枝，对第三层主枝短截，促生侧枝；对部分侧枝短截，部分保留，交替更新，作为结果枝组培养。此时，疏散分层形骨架结构基本形成，在今后整形修剪过程中，要处理好各类枝条的从属关系，保持骨干枝的生长优势，注意辅养枝及其他枝条的选留，充分利用空间，增加分枝数量，扩大有效结果面积。

22. 苹果主干形树形如何进行整形修剪？

苹果主干形树形具有较明显的中心主干，适用于一些生长势较强和顶端优势明显的品种。

（1）当年塑形 当年春（或上一年冬前）栽植的小成品苗或半成品苗，在加强前期肥水管理的前提下，生长季节不进行摘心打顶，一放到底，当年株高可达1.5～2米。这样中干处于绝对优势，粗壮挺直。在生长季节只对个别角度过小或粗度过大的分枝进行扭、拉或疏除，这样当年即可基本成形。整形时注意主干不能歪斜，否则此树形就培养不成；另外，若主干粗度不够，也可用部分枝增粗，即要适当留一些枝，不控制、不开角、变向，专门任其营养生长，来增加主干的粗度。

（2）夏季修剪 在生长季节始终要限制横向枝，用拿、扭、转来软化当年生长枝条，将中干上的分枝变向，限制营养生长，促进营养转化，迫使横向枝及早停长，实现早积累、早成花，使秋季形成足量的花芽。反之来年的产量会落空。

（3）冬季修剪 冬剪只采用疏与缓，也就是利用果树当年新枝易形成花芽的习性，对当年生长的新枝不动剪，只缓放，用于结果；而上一年同样利用此法结过果的枝应疏除。个别缺少当年新生枝条，来年没有替代老果枝结果的，可利用个别的老枝基部或背上所长的当年枝结果。

23. 苹果开心形树形如何进行整形修剪？

（1）初果期整形 这个时期6～10年生树主要是头开心和主

枝培养，通过提干、落头将 10～15 个主枝逐年疏除，保留 7～8 个主枝，其中落头高度为 3 米左右，提干高度 1～1.2 米。落头形成以后中心干就不再延长，这时要留一个小头，以后每年对这个小树头去强留弱，抑制其长大。保留小头可以保护地下主根的生长，保护下主枝不受腐烂病的侵害，也可以防止日灼，同时小树头也能挂果。

(2) 盛果期整形　主要将主枝数目由 7～8 个减少到 4 个左右，并培养出主枝上的亚主枝，其中提干到 1.5 米左右。为维持主枝的生长势，在修剪时可对主枝延长头轻短截，留果时延长头部位不留果，当主枝角度过大时要用支柱撑上。在主枝 2 米左右的位置选留 2 个侧枝来培养亚主枝，这 2 个侧枝左右对称，生长势强，斜向上生长，间隔 30～50 厘米，随着亚主枝的长大，影响亚主枝生长和光照的枝条都要去掉。

24. 苹果纺锤形树形如何进行整形修剪？

栽后 1～3 年整形基本同纺锤形，至第 3 年树高 2 米，冠径 2 米，通过拉枝长放形成 10 多个小主枝（侧生分枝）。与纺锤形不同的是拉枝角度较大，达 135°，解缚后保持 120°。

栽后 4～6 年除搞好枝条的拉、疏、拿、揉等处理外，第 4 年一次性疏除基部的 3 个（栽后第 1 年发生的）同龄枝，以保持主干的健壮生长和各小主枝的均衡生长。第 5～6 年及时落头至最上面 1 个小主枝处，促进中上部小主枝的均衡健壮生长，此时树形即基本形成。注意落头须在 6 月上旬营养转换期进行，过迟易冒条。

苹果纺锤形树形成形后，改冬剪为四季修剪。冬剪主要是调整枝量，节制花量。重点搞好夏剪。掌握在每年营养转换期 5 月下旬到 6 月上旬，对当年新梢，没空间的地方疏除，有空间的地方通过拉、扭、撇、揉、拿的办法，使营养枝缓慢生长，促使成花。对小主枝延长头，在每年 9 月回缩至控制长度（保持 1.2 米左右）。这时，树体营养将进入贮藏期，不易发生冒条。

苹果纺锤形树形的总要求：以疏密、缓放为主，少短截、不摘心，以免枝条丛生，同时以分流营养为主，平衡树势，不采用剥、割、硬堵的办法损伤树体。

25. 如何防控苹果主要病虫害？

苹果主要病害有腐烂病、炭疽病、轮纹病和早期落叶病；主要虫害包括叶螨、桃小食心虫、梨小食心虫和苹果卷叶蛾等。具体防治时期和方法见表 6。

表 6　苹果主要病害防治方法

施药时期	防治对象	防治方法
发芽前	轮纹病、腐烂病、苹小卷叶蛾、害螨	①结合冬剪，清除病虫残枝、死枝和僵果；②为防止病毒病在株间传播，先修剪健株，后修剪病株，可用修剪工具消毒液对工具进行消毒；③刮除腐烂病斑，刮面要超出病部 1 厘米左右，对病斑伤口和剪锯口可用甲硫萘乙酸、腐植酸铜或菌清进行涂抹或贴膜保护；④刮除病翘皮后全树枝干喷药，药剂用复方多菌灵 500 倍液，或 25%戊唑醇 2 500 倍液，或 30%戊唑·多菌灵（福连）600 倍液，或 50 波美度的石硫合剂；⑤对前一年苹果绵蚜发生严重的果园喷施毒死蜱，可兼治鳞翅目害虫、金龟子等，或使用噻虫嗪颗粒剂灌根处理，替代毒死蜱
花露红期	苹果锈病、绿盲蝽、害螨	①苹果锈病严重的果园，如有降雨，及时喷 43%戊唑醇 4 000 倍液；②杀虫剂用 40%毒死蜱 1 200 倍液，防治绿盲蝽及其他害虫
谢花后 7～10 天	斑点落叶病、轮纹病、苹小卷叶蛾、害螨	①杀菌剂用 60%吡唑嘧菌酯·代森联（百泰）1 500 倍液；②杀虫剂可选用甲氧虫酰肼；③杀螨剂可选用三唑锡，或达螨灵，或唑螨酯；④可根据需要加补钙剂
谢花后 14～20 天	斑点落叶病、轮纹病、锈病、黄蚜、康氏粉蚧	①杀菌剂可选用 43%戊唑醇悬浮剂 4 000 倍液（如近期无降雨，可用 70%甲基硫菌灵 800 倍液＋80%代森锰锌 800 倍液）；②杀虫剂可选吡虫啉（或氟啶虫胺腈）＋灭幼脲（或杀铃脲），如需防治康氏粉蚧用 25%噻嗪酮 WP 1 500 倍液；③杀螨剂可选用哒螨灵（或三唑锡、螺螨酯、唑螨酯）；④可根据需要增加补钙剂

（续）

施药时期	防治对象	防治方法
谢花后21～30天	斑点落叶病、轮纹病、金蚊细蛾、害螨	①70%甲基硫菌灵800倍液+80%代森锰锌（大生）800倍液，如这一时期有雨，改用43%戊唑醇悬浮剂4000倍液，或10%苯醚甲环唑（世高）WG2500倍液；②杀虫剂可选用吡虫啉和灭幼脲（或杀铃脲）；③可根据需要增加补钙剂
6月20日前后	褐斑病、轮纹病	①杀菌剂可选用80%代森锰锌（大生）800倍液，若雨水多，用波尔多液，配比为硫酸铜∶生石灰∶水=1∶(2～3)∶(200～240)；②此时主要以防病为主，如螨类和害虫有严重危害趋势，可加杀虫和杀螨剂
7月上旬	褐斑病、轮纹病、害螨类、三代金纹细蛾	①杀菌剂使用43%戊唑醇悬浮剂4000倍液；②杀虫剂使用灭幼脲（或杀铃脲）；③杀螨剂使用哒螨灵或唑螨酯
7月下旬	褐斑病、轮纹病	①杀菌剂使用倍量式波尔多液，配比为硫酸铜∶生石灰∶水=1∶(2～3)∶(200～240)；②如没有严重危害的害虫，此次杀虫剂可省去。杀虫剂可选用灭幼脲、阿维菌素等中的一种，杀螨剂可选用三唑锡、螺螨酯、唑螨酯等中的一种
8月中旬	褐斑病、轮纹病、二代桃小	①杀菌剂使用倍量式波尔多液，配比为硫酸铜∶生石灰∶水=1∶(2～3)∶(200～240)；②如没有严重危害的害虫，此次杀虫剂可省略；③但对于不套袋的果园，此时需要加杀虫剂（如桃小灵）防治二代桃小
摘袋前（9月中下旬）	褐斑病、轮纹病	①杀菌剂使用10%苯醚甲环唑（世高）2000倍液；②如没有严重危害的害虫，此次杀虫剂可省略
摘袋后	褐斑病、轮纹病	一般年份不必用药，若遇较大雨，可用10%苯醚甲环唑（世高）2000倍液
采收后	增强树势，防治腐烂病，预防冻害，防治绵蚜、螨类等	①秋施基肥，根据树龄每亩施有机肥2～4吨；②喷施代森胺水剂400倍液；③如有绵蚜危害，可加毒死蜱，树干涂白

26. 如何提高苹果坐果率？

提高苹果坐果率、防止落花落果，是获得苹果丰产丰收的基本条件，因此生产上必须采取多种方法，提高苹果花朵坐果率。生产上提高苹果坐果率的方法很多，如配置授粉树、人工授粉、强化肥水管理、喷洒激素、树干树枝环剥、环割、花期放蜂等。

(1) 合理配置授粉树 苹果为异花授粉树种，若品种单一，自花授粉不良，影响坐果率，因此，要合理配置授粉树。一般主栽品种与授粉品种的配置比例为（3～5）∶1，可采中心式配置、行列式或等高式配置授粉树，授粉树距离主栽品种不要超过50米。

(2) 人工授粉 当花期遇到阴雨、低温、大风、沙尘等不良气候时，直接影响昆虫活动和自然授粉，坐果率便会大大降低。因此，应在盛花期（以花朵开放的当天上午8～10时）进行人工授粉为最佳。方法可结合疏花蕾剥制花粉，进行人工点授中心花朵或进行液体授粉可显著提高坐果率，有效降低偏斜果。

(3) 花期放蜂 现代苹果园生产上提倡利用蜜蜂授粉，苹果花期放蜂可以明显提高坐果率。开花前2～3天将蜂箱放入果园内，以便蜜蜂熟悉环境，蜜蜂飞翔半径为50米左右，每5～10亩果园放一个蜂箱，就可起到很好的辅助授粉作用。

(4) 使用植物生长调节剂 目前应用较多的植物生长调节剂有赤霉素（GA）、萘乙酸（NAA）。盛花期喷施0.3%左右的硼砂也可提高花粉发芽率，促进花粉管伸长，利于受精，从而显著提高坐果率。

(5) 加强土肥水管理 坐果率的高低在很大程度上取决于花芽质量。花芽质量又取决于花芽形成过程中树体的营养水平。因此要形成高质量的花芽，首先，前期要有良好的营养生长基础，新梢停长及时，树势缓和，有机营养积累充足；其次，秋季施足基肥，结合灌水，再辅以晚秋叶片喷施0.3%～0.5%尿素，延缓叶片衰老，延长叶片光合作用时间，提高树体贮藏营养水平，最终形成个大、饱满、优质的花芽。

(6) 防治病虫害 在花期危害花叶的害虫有卷叶虫类和金龟

子，应及时喷药防治，这一时期应以生物农药为主，或进行人工捕捉。危害花叶的病害有花腐病、白粉病、早期落叶病等，应做到及早预防和及时防治，以减轻危害，利于果实良好生长。

27. 苹果园主要土壤管理制度有哪些？

（1）果园清耕法　主要在成龄果园采用，指园内不种植其他植物，保持土壤表层疏松、无杂草状态。一般在秋季深翻，早春土壤解冻后及时浅翻，以减少水分蒸发。在生长季节中进行多次中耕除草，使土壤疏松通气并保持无杂草状态。果园清耕有利于土壤营养物质转化分解和促进根系吸收利用。缺点是长期清耕，土壤有机质会迅速减少，土壤结构也会受到破坏，影响树生长发育。

（2）果园生草法　果园生草法指在果园行间种植多年豆科或禾本科植物等，全年进行多次刈割，覆盖于树盘地面或饲养牲畜。果园生草有利于提高土壤有机质含量和速效养分含量，改善果园生态环境，夏季降低温度，冬季提高地温，且温度变化幅度减小。果园生草还能增加果园天敌数量，从而降低害虫密度，抑制果园杂草生长，山地果园能防止水土流失。生草会与果树竞争水分和养分，所以生草栽培的前几年应适当加大施肥量，同时要选择根层分布能和果树根系错开的草种。长期生草果树根系易引起分布变浅，一般在生草3～5年间，果园应进行一次深翻。

（3）果园覆盖法　在果园的年生长周期中，前期清耕，保持土壤疏松，使行间处于休闲状态，蓄存水分和养分。生长后期，多数春梢停止生长时播种覆盖作物，吸收土壤过剩的水分和养分，可促进果实成熟和着色，提高果实含糖量，增进品质，有利于枝条充实，安全越冬。覆盖作物长成后，可增加土壤有机质，改良土壤结构，提高土壤肥力。

覆盖作物应具备的条件：生长期短，前期生长缓慢，后期生长快。果园覆盖有利于增加土壤有机质含量，改良土壤有机质结构，提高保水保肥能力。覆盖物主要有麦秸、稻草、杂草树叶、绿肥作物等。

(4) 果园间作 幼树期果园和覆盖率低的成年果园，可在果树行间种植作物，以充分利用土地空间和光能，并对土壤起到覆盖作用。在山地可保持水土，沙地可防风固沙，还可减少草害，提高土壤有机质含量和土壤肥力。

28. 如何确定苹果的栽植密度？

苹果园栽植密度很重要，如何确定苹果园的适宜密度，是果农十分关心的问题，下面就判断方法予以介绍。

(1) 不同砧-穗组合栽植密度

乔砧-普通型砧穗组合 该组合树体生长势最强，树冠高大，长枝量最多，树体难控制。一般行距为4～6米，株距为2.5～4米，具体栽植距离应因地制宜确定。如水肥条件好的平地或山地丘陵，以行距5～6米，株距4米较好，每亩栽28～33株；在肥水条件差的山丘地，以行距4～4.5米，株距3～4米为宜，每亩栽42～50株；而在旱塬地和瘠薄地上，行、株距应分别缩小0.5米左右。

乔砧-短枝型、矮化中间砧-短枝型和矮化砧-短枝型砧穗组合 这三个组合的综合生长势显著弱于乔砧-普通型组合，树冠要小1/3～1/2。因此，其行、株距应分别比普通型品种组合小0.5～1米。

矮化中间砧-普通型砧穗组合 这种组合的树势中庸，树冠中大，以行距3～4米、株距2～3米为宜，每亩栽55～111株。

矮化自根砧-普通型砧穗组合 其综合生长势弱或较弱，树体矮化程度中等。以行距 4 米、株距 1.5～2 米为宜，无病毒砧穗组合每亩栽植 66～111 株。

（2）不同树形的栽植密度　因树形不同，树冠大小明显不同，所以定植前要确定所用树形；主要考虑株间距离大小，成龄树冠是否会严重交叉，光照情况怎样，生产哪种类型果品（普通果、精品果、加工果），都应事先计划好。一般行距比株距宽 1 米。

大冠型树形，如主干疏层形、十字形、变则主干形等，株距在 4 米以上。

中冠型树形，如小冠疏层形、小冠开心形、自由纺锤形、改良纺锤形等，株距宜用 3～4 米。

小冠形树形，如细长纺锤形、高纺锤形、松塔树形、折叠式扇形等，株距 1.5～2 米。

不同类型果园成龄后，株间可连成树墙，冠间枝条交接率以不超过 10%为宜。

29. 怎样提高苹果栽植的成活率？

（1）确定合理栽植时间　当日平均气温达到 10 ℃以上时栽植比较合适，苹果苗木萌芽前栽植成活率高，假植苗萌芽时进行定植，操作性强，易掌握，效果好。在冬季干旱多风地区秋栽不如春栽，春栽不宜过早，过早根系不活动，空气干燥，浇水次数少了易失水致死。

（2）苗木假植　苗木假植选择背阴处开沟，散捆使根系与湿沙或土密接（沙或土的湿度以手捏成团，松手能撒开为宜），埋苗深度达苗高的 80%以上，仅露出梢部，其上覆盖湿草 20～30 厘米厚。至 3 月，当看到苗木梢部萌芽时及时定植。假植期禁止灌水，防止水分过大而出现烂苗现象。同一苗圃、同一规格的苗木经过冬季假植贮存的质量要好于春季现起的，因冬春干燥的苗圃常常发生冬季冻害，最常见的是抽条，由于根系吸收水分少，树上水分蒸发量大造成，长势旺的苗木更易发生抽条现象。集中假植贮藏的环境条件远比田间自然条件好。建议果农最好晚秋购苗做好假植贮存，发芽后栽植。

（3）苗木浸泡 栽植前将成捆的苗木根部浸泡于清水中1～2天，苗木吸足水后再进行定植。放到水库、井、池塘均可，也可根据苗量大小，临时挖出一个深坑，再铺上相应大小的塑料膜，灌满水后进行浸泡。实践证明，清水浸泡是确保苹果苗木成活关键的技术措施。春季从苗圃里刚起的苗木，表面看新鲜，实际上非常地虚弱，必须进行清水浸泡处理。从外地调运来的苗木也要迅速浸泡，进行临时假植贮存，待发芽后栽植，及时浇水，成活率可达95%以上。

（4）栽植沟（垄）灌水沉实 凡是开沟或起垄成台畦建园，须浇大水沉实后才能栽植。普通乔砧苗木栽植深度要略深于苗木在苗圃的深度，使嫁接部位露出地面8～10厘米；对于M系矮化中间砧苗木埋土至中间砧2/3处。矮化自根砧苗木地上露出砧木长度10～15厘米，且露出长度要一致。栽植苗木必须踏实土，使根系与土壤密接。栽植苗木时禁止施用化肥，要施用充分腐熟的有机肥。提倡栽前进行土壤改良，新建园挖栽植坑将土层分开，回填时不打乱土层，新栽的苗木根系要处在熟土层中，能够满足生长发育的营养需要，等苗木成活后，根据情况酌情使用肥料。前期可行根外追肥，土壤追肥于6月以后进行，用量不宜大，每亩不超过10千克。

（5）栽后管理 正常年份栽后应浇2～3遍水，再培一圆锥形土堆，可起到保湿、提温、固定和防止树干日烧等多重作用。为了防止浇后树歪，栽好后最好及时用竹竿搭支架。竹竿基部醮沥青50厘米防腐烂，离苗木10～20厘米处插入地，不可太近，以免影响苗木枝梢生长。苗木要按植株大小进行分级、定干和栽植。干旱缺水地区定干高度宜低，保护好嫁接部位伤口，并用5%硫酸铜等杀菌药剂涂抹处理。栽后不宜刻芽，以免造成伤口影响成活，可用生长调节剂进行促萌芽。晚秋或早春树干涂白或喷白防止日烧，提倡晚秋、早春两次进行。

30. 苹果周年管理关键技术要点有哪些？

苹果周年管理关键技术要点见表7。

表7　苹果周年管理工作历

物候期	月	旬	管理内容	技术要点
休眠期	1月		冬季修剪 病虫害防治	①按照所选树形进行整形与修剪；②剪除病虫枝，清理修剪后落地枝条；用菌立灭100倍液或封剪油涂封剪口锯口；清扫落叶、烂果、僵果，深埋；③给苹果树喷1次植物防冻液；④在萌芽前灌水；⑤检修喷药器械，准备农药、化肥；⑥新建果园缺株处补栽
	2月			
	3月	上旬		
芽萌动期		中下旬	春季修剪 病虫害防治 平衡施肥 节水灌溉 高接换种	①复剪，适当回缩串花枝；②刻芽、拉枝，增加短枝量；③防治腐烂病、白粉病，刮除腐烂病疤，选用菌必净、长效康复灵等杀菌剂涂抹伤口，发芽前可选喷3～5波美度石硫合剂或施特灵、索利巴尔、霜疸净等杀菌剂，兼防叶螨、介壳虫；④追肥，亩施全元素苹果专用肥60～80千克，施后及时浇水；⑤将老、劣品种高接为新优品种，幼树采用单芽腹接，大树采用多头枝接
	4月	上旬		
花序分离期		中旬	病虫害防治 高接换种	①间隔15～25厘米留一个花序，富士25厘米，其他品种15～20厘米，每个花序保留1～2个发育好的花蕾；②防治白粉病、花腐病，可选用多菌灵、果病安、甲基硫菌灵、农抗120等杀菌剂，防治叶螨，可选用哒螨灵、齐螨素等杀虫剂，防治介壳虫、毛虫类，也可选用蚧死净、Bt等生物杀虫剂
开花期		下旬	疏花疏果 病虫害防治 高接换种 果园种草	①初花期，结合疏花，采集铃铛期花蕾，自然晾干，收集花粉，进行人工授粉，提倡果园放蜂；②未疏花蕾的果园及时疏花；③使用诱虫净、糖醋液诱杀金龟子；④提倡果园种草，可选播三叶草、扁茎黄芪、小冠花、黑麦草等草种
	5月	上旬		

（续）

物候期	月	旬	管理内容	技术要点
幼果期	5月 6月	中下旬 上中旬	疏果定果 病虫害防治 种草覆草 果实套袋 追肥灌水 夏季修剪	①定果：从落花后15天开始定果，到5月底前结束，亩留果10 000～12 000个；②套袋：定果后6月10日开始套袋，6月25日前完成；③坐果后喷1次杀虫杀菌剂，防治叶螨、蚜虫、卷叶虫、毛虫类，可选用绿色功夫、齐螨素、蛾螨灵、绿维虫清等杀虫剂；防治早期落叶病、轮纹病、炭疽病等，可选用多氧清、大生M-45、农抗120、菌立灭等杀菌剂；用性诱剂、糖醋液等诱杀飞蛾；④行间生草，株间清耕：覆草厚度为15～20厘米，亩用量1 000～1 500千克；⑤追肥：亩施磷酸二铵15千克，硫酸钾15千克或全元素苹果专用肥40千克；⑥综合运用扭梢、摘心、揉枝、环切、拉枝、疏枝等夏剪措施，环切最佳时间在5月25日至6月10日。拉枝时下部拉成80°～90°，中部枝拉平，上部枝拉下垂
果实膨大期	6月 7月	下旬	夏季修剪 病虫害防治	①继续夏剪，修剪技术与5月下旬相同；②连喷2次杀虫杀菌剂，每次间隔15天左右，防治桃小食心虫、蚜虫、卷叶蛾、金纹细蛾、叶螨等害虫，可选用绿色功夫、灭幼脲3号、蛾螨灵等杀虫剂；防治早期落叶病、轮纹病、炭疽病等病害，可选用菌毒清、扑海因、多氧清、农抗120等杀菌剂，同时可继续添加叶面肥
果实膨大期	8月		追肥灌水 病虫害防治 中耕除草 果实采收	①每亩追施磷酸二铵10～20千克，氯化钾20～35千克；或选用硫酸钾三元复合肥30～40千克；②病害防治对象与6月相同。每隔15天左右喷1次杀菌剂，可选用绿乳铜、波尔多液、施特灵等生物杀菌剂；根据虫害发生情况可选加蛾螨灵、灭幼脲3号、Bt等生物杀虫剂；③生草果园草生长至20厘米以上时及时刈割，覆盖在果树株间；④每隔20天，喷2～3次果树专用叶面肥，可选用氨钙宝、CA2000果氨宝等；⑤分期（3～5次）采收早、中熟品种果实
果实着色期	9月 10月	上旬	病虫害防治 果实除袋 摘叶转果 秋季修剪 采收	①喷1～2次杀菌剂，可选用菌立灭2号、菌必净等，同时加喷钙宝等钙类叶面肥；②套袋园在果实采收前15～20天，开始摘除外袋，隔3～5天再摘除内袋；阴天多云或晴天的上午9～11时，下午3～6时除袋较好；日光强烈时勿除袋，除去果袋后在树下铺反光膜；③中早熟苹果采收，晚熟品种采前20～30天疏除密生枝、摘叶、转果，采收前35天和15天分别喷1次果实增色剂
果实成熟期	10月	中下旬	采收 贮藏 秋施基肥	①下旬分期采收晚熟品种果实，采收前及时收回反光膜，以备来年再用，采后及时释放田间热，最好24小时内进入贮藏库；②采收后亩施优质有机肥3 000千克，施用量应占全年施肥量的80%以上
落叶期	11月 12月	上旬	清园 主干涂白 刮治腐烂病 冬灌	①清除园内病虫枝、烂果、落叶，集中深埋，落叶后期预防腐烂病、轮纹病等；②主干涂白，涂白剂配制比例为：水30千克、石灰10千克、食盐2千克、动物油0.25千克、石硫合剂原液1.5千克；③刮除腐烂病疤，刮后涂菌立克杀菌剂；④未施基肥的要及早进行施肥；⑤封冻前灌1次透水

三、梨

31. 我国梨产业发展现状与前景如何？

中国是世界上最大的梨果生产国，收获面积、产量、出口量及品种数量均居世界前列。在中国水果产业中，梨果产业是继苹果和柑橘产业之后的第三大果树产业。随着新品种、新技术和新工艺在梨生产中广泛应用，我国梨产量大幅度提高，质量明显改观，出口量逐年增加，梨果产业以其较大的经济效益、生态效益及较深远的发展前景，成为农业经济增长、农村建设发展和农民增收致富的重要支柱产业。

近年来，梨产业链条得到有效延伸，技术推广网络的形成，加快了新品种和新技术的系统普及，特别是梨果品的加工业蓬勃发展，大量冷库的建立，使梨果实的贮藏期明显延长，贮藏损耗大量减少，供应期明显延长，梨果的季产年销得以实现。梨汁、梨膏加工业的快速发展，使大量鲜果及时转化，继而使果品的附加值得到有效提升。互联网的普及为梨果销售提供了及时准确的信息，交通运输业的高度发达使得梨果的贩运更快速、更高效，梨产业协会的建立增强了果农应对市场的能力。梨产业中产前、产中、产后链条得到有效延伸，产业化程度将显著提高。近年来，我国梨生产中，以标准化生产为突破，全面提升梨产业发展水平，取得了可喜的成绩，特别是绿色无公害生产标准、有机生产标准的出台和普及，使得标准化生产深得人心，生产中大量标准的应用，促使我国梨产业面貌发生了显著变化，标准化生产的普及已是大势所趋。

32. 梨果实有什么营养价值？吃梨有什么好处？

梨果实不仅味美汁多，甜中带酸，营养丰富，而且不同种类的梨味道和质感也都完全不同。同时，它既可生食，也可蒸煮后食用，在医疗功效上，可以润肺，祛痰化咳，通便秘，利消化，对心血管也有好处。梨果含有丰富的维生素 A、维生素 B、维生素 C、维生素 D、维生素 E 和微量元素碘，能帮助人体维持细胞组织的健康状态，辅助器官排毒、净化，还能起到软化血管，特别是促进钙质运输也有其积极作用；此外，梨还含有丰富的蛋白质、脂肪、糖、粗纤维、钙、磷、铁等矿物质以及多种维生素等，具有降低血压、养阴清热的功效。

梨果实有生津、润燥、清热、化痰等功效，适用于热病伤津烦渴、消渴症、热咳、痰热惊狂、噎膈、口渴失音、眼赤肿痛、消化不良。在治疗热咳时，可以将梨果切片贴之治火伤，而捣汁内服，可以润肺凉心，解疮毒、酒毒；梨果皮有清心、润肺、降火、生津、滋肾、补阴功效。根、枝叶、花有润肺、消痰清热、解毒之功效；梨籽含有木质素，是不可溶的纤维，能在肠道中溶解，形成像胶纸的薄膜，与肠道中的胆固醇结合将其排出体外；梨花能去面黑粉刺；梨叶煎服，治风和小儿寒疝；树皮能除结气咳逆等症。

33. 梨的优良品种（系）有哪些？

当前我国栽培的梨树品种绝大部分属于白梨、砂梨、秋子梨、西洋梨四大梨系统，其中白梨、砂梨、秋子梨三个种原产于我国。我国幅员辽阔，南北横跨几个气候带，在复杂多样的气候条件下，经世世代代繁衍，形成了适合于不同自然条件的多样化品种类群，产生了不少珍贵的梨品种，有着广泛的文化地理学特征。

白梨系统的品种在我国栽培表现最好，包括酥梨、晋酥梨、玉露香、雪花梨、鸭梨、慈梨、秋白梨、蜜梨、黄梨、库尔勒香梨、苹果梨等，大多数品种果实较大，果皮黄色或黄绿色，果实多为长圆、卵圆、倒卵形，多数品种的萼片脱落。果肉脆甜、汁多，石细胞少，有香味，不经过后熟即可食用。喜干燥冷凉气候，抗寒性比秋子梨差，比砂梨强，抗旱性较强。主要栽培地区：辽宁的东部和西部、河北、山东、山西等省，西北各地栽培面积也逐年增多。白梨系统多数树体高、干性强、寿命长，幼树枝条较直立、生长旺，随树龄增大骨干枝逐渐开张。萌芽率高，成枝力多较弱，短枝多。潜伏芽寿命长，老树老枝易更新。不少品种有腋花芽结果习性，以短果枝结果为主，但也有一定中长果枝。短果枝寿命短，果台副梢少、生长弱。

砂梨是原产中国南方和日本的梨栽培种之一。大多数果实呈长圆形、扁圆形或近似圆形，成熟时果皮褐色，少数是黄绿色。萼片多数是脱落的，少数宿存，果肉是脆型，多汁，味淡甜，无香味，不经后熟即可食用。早期砂梨系统的梨品种大部分肉质较为粗糙，果面颜色多为褐色，欠美观，商品价值不高，所以在中国仅在南方的部分省市有少量栽培。近几十年来，中国、日本、韩国先后育成了一大批优良的砂梨品种以及砂梨和其他梨的种间杂交品种，如中国育成的早酥、黄花、黄冠、早绿、绿宝石；日本的幸水、丰水、新高、爱宕；韩国的黄金梨等。这些新品种果实硕大，肉质细嫩，果实颜色和成熟期多样，与原有砂梨品种相比，内在和外观品质都有了显著的提高，同时继承了砂梨结果早、丰产性强的特性，因而在中国南北各地得到迅速发展。主要栽培地区分布在长江流域和淮河流域，华北、东北也有栽培。喜温暖潮湿气候，其抗寒能力较白梨系统差。

秋子梨系统中多数品种的果实，呈圆形或扁圆形，果个较小，果皮黄绿色或黄色，萼片宿存。采收时果肉硬，石细胞多，有的品种果肉还有涩味。多数品种果实必须经过存放后熟方能食用。经后熟的果实，肉变软，甜味增加，酸甜适口，香味浓郁，有些品种果实可以冷冻，冻后的果肉软化，变黑褐色，酸甜风味好。少数梨果品种在采收时即可食用。秋子梨系统的品种抗寒力很强，风土适应性也很强，是寒冷地区栽培发展的梨品种。主要分布在东北、西北、华北地区的寒冷地带，多数品种的果实不耐贮藏。品种很多，市场上常见的香水梨、安梨、酸梨、沙果梨、京白梨、鸭广梨等均属于该种。

西洋梨原产欧洲，目前在生产上栽培较多、品质较好的多是从欧美引入的，如巴梨、三季梨、伏茄梨、日面红、茄梨、阿巴特等，引入我国的西洋梨栽培面积很少，我国自己培育的品种也不多，主要分布在渤海湾、黄河故道和西北地区。西洋梨中多数品种果实是葫芦形或倒卵形、黄色或黄绿色，萼片宿存，果梗粗短，果实经过后熟，肉变软方能食用，风味变佳。果实不耐贮运，开始结果早，但植株寿命短、抗寒力较弱。

34. 如何建立现代标准化梨园？

建立现代标准化梨园，首先要根据梨的生物学特性，结合当地的实际情况，选定主栽品种和授粉品种，主栽品种必须有广阔的市场前景；其次，从生态优良、可持续发展角度出发，因地制宜，着眼长远，来满足梨果的商品化、产业化、现代化生产的需要。现代化梨园必须坚持“一统、二优、三保、五配套”的原则，即实行统一规划，选用优良品种和优质苗木，保栽大苗、保肥、保水措施，做好山、水、田、林、路综合治理，相互配套。

（1）品种选择与授粉树的配置 适合当地土壤气候条件，是选择栽植品种的重要依据之一。其次要根据当地梨产业发展趋势，选择栽植的品种必须以区域化、良种化为基础，以市场需求为导向，立足当前，着眼未来，长短结合，栽植市场畅销和消费者欢迎的品种。梨的多数品种属异花授粉品种，同父本内授粉坐果率很低，必须由其他品种花粉授粉才能坐果，所以在选择授粉品种时，最好选择成熟期与主栽品种相同或相衔接的，以便同时先后采收，管理较方便。同时，搭配的品种与主栽品种能相互授粉，主栽品种与授粉品种栽植比例为（4～5）∶1。

（2）园地规划与整理 建园之前，须对土壤进行严格清理与消毒，包括消除前茬作物的残留、枝叶及树桩残根，对土地进行翻耕、晾晒、灌水，促进有机残体的腐烂分解；增施有机肥，使土壤的活土层达到60厘米以上，有机质含量超过1%，必要时定植穴内换土。

栽植密度要适宜，栽植过稀，光能利用率低，单位面积产量低，栽植过密，早期产量上升快，后期果园易郁闭，病虫害发生相应较重，产量和果实品质降低。现代梨园要求合理密植，既有利于提高早期产量，又要有利于高产、稳产、质优；既要充分利用土地和光能，又要便于操作管理。栽植密度根据品种特性、地势、土壤、气候条件及管理水平等因素来确定，土壤瘠薄的山地、荒滩或使用矮化砧木的苗木可适当密植，平原、肥沃土壤可稀植。根据当地实践经验，乔化砧梨园密度一般为4米×5米，短枝型和半矮化砧为3米×4米，矮化砧2米×3米。

目前建园的栽植方式主要有以下几种：①长方形栽植：行距大于株距，通风透光，便于机械化作业和采收。②正方形栽植：株行距相等，相邻四株相连成为正方形，特点是通风透光好，管理方便。若密植，树冠易于郁闭，通风透光条件较差，不利于病虫害防治和间作。③三角形栽植：行株距排列相互错开而成三角形。这种方式可提高单位面积上的株数，比正方形多栽11.6%，但不便于管理和机械化作业。④等高栽植：适用于浅山丘岭地，植株沿等高线定植，便于蓄水及管理。

（3）栽植及管理 对于长途运输的苗木，栽前将苗木根系浸在水中适当浸泡，然后对根系适当修剪，剪掉死根、烂根和受伤的部分根系。栽植时，先将表土混入一定比例的有机肥料，取其一半填入穴内，培土高于地面10厘米左右，将苗木根系理直不窝根，使根系均匀分布在穴内。同时进行前后、左右对直，校正位置。然后将多余的土填入树穴，每填一层土都要踏实，并随时将苗木轻轻向上提动，使根系与土壤密接，以防苗木"吊死"。苗木嫁接口要朝迎风方向，以防风折，栽植深度以根颈部与地面相平为宜，嫁接部位较低的苗木，特别是芽接的苗木，一定要使接芽露出地面5厘米左右，用矮化砧的苗木，栽植深度可以达到矮化砧段的中部。栽植过深，影响树体生长；栽植太浅，根系外露，影响成活。栽后立即灌水，水要灌足灌透。水渗后要求根颈与地面平齐，再封土保墒。

苗木定植后要及时定干，梨树的定干高度为70～80厘米。定干后在伤口处涂上生物油或伤口愈合剂，以防抽干利于愈合。

35. 梨主要育苗技术有哪些？

（1）砧木苗的培育

种子采集与处理 采用杜梨、酸梨等做砧木。采种母树品种纯正，生长健壮无病虫害，并应在果实充分成熟后采集种子。在清除果肉过程中，不得使种子处于45℃以上的温度中，以免使种子失去活力。清除果肉的种子经漂洗后阴干，不可在阳光下暴晒。种子以当年当地采集的新鲜种子为宜。用于春季播种的种子，在播种前应进行层积处理。方法是在播种前30～60天，将种子浸湿后与体积为种子3～5倍的清洁湿河沙混合，拌匀后在0～7℃温度下堆放，并用塑料膜覆盖。层积期间要经常检查和翻动，防止种子发霉。

播种时期 春播在土壤解冻后进行；秋播在11月土壤结冻前进行。秋播用的种子不需要层积处理，只需用清水浸泡吸足水即可。

播前土地准备 播种用地需在秋季深翻 20～30 厘米，每亩施基肥 2 000～3 333 千克、磷素化肥 10 千克。做好地下害虫的防治工作，并浇足冬水。播种量杜梨种子每亩 1.0～1.3 千克，酸梨种子每亩 2.0～3.3 千克。如经鉴定种子发芽率低，应按比例加大播种量。播种方法可双行带状条播（窄行行距 30～50 厘米，宽行行距 60～70 厘米）或单行条播（行距 50～60 厘米）。播种时先开深 2～3 厘米的浅沟，将种子均匀撒入，然后覆土并稍踏实。如用条播机播种，土壤缺墒或沙性大时，应及时用石辊镇压。也可采用地膜覆盖播种，方法有先铺膜、后播种；或者先播种、后铺膜。

播后管理 出苗前不浇水，如土壤干旱在宽行开沟浸水或在播种沟上喷水。出苗显行后进行中耕除草，保持畦面清洁，以提高土壤温度，促进幼苗生长。幼苗长到 5～7 片真叶时要进行间苗、定苗，留苗株距 10 厘米左右，缺苗处及时用别处间下的壮苗补栽并立即浇水。定苗后用利铲在植株旁地面斜向根部插入土中进行断根，断根部位为地下 20 米左右的主根。

（2）嫁接苗的繁殖和管理 嫁接苗应适时嫁接，嫁接有芽接和枝接两种方法。芽接时间以 5 月下旬至 6 月为宜，也可在秋季 8～9 月进行。枝接时间以春季树液已开始流动、芽尚未萌发时为宜。嫁接用的砧木嫁接部位直径应达到 0.8 厘米以上，剪除砧木主干嫁接部位以下的侧枝，嫁接前 10 天清除田间杂草并浇一次水。嫁接用接穗应从品种纯正、生长正常、丰产优质的母树上剪取发育充实、腋芽饱满、无病虫害的新梢。嫁接的高度为距地面 40 厘米处。

芽接后 2 周左右及时解绑，并检查成活率，成活后及时抹芽，未接活的应及时补接；秋季芽接的翌年早春剪砧，剪砧后应经常抹除砧木上的萌芽。枝接后 5 周左右及时解绑，并经常抹除砧木上的萌芽，在春季风害严重的地区应插杆固定加以保护。

36. 如何防控梨主要病虫害？

（1）梨黑星病 主要采取消灭菌源、加强栽培管理和适时用药防治等综合措施。

消灭菌源 秋末、冬初清扫落叶和落果，早春梨树发芽前结合修剪清除病梢、病叶和病果，并加以烧毁。也可于发病初期及时摘除病梢或病花丛，可以减轻病害的发生。

加强栽培管理 梨树生长衰弱，易被病菌侵染，因此，增施有机质肥料，可增强树势，提高抗病能力。

适时用药防治 南方梨区由于黑星病发生较早，应在梨树接近开花前和花落2/3时各喷一次药，以保护花序、嫩梢和新叶。以后可根据降雨情况，间隔15～20天用药1次，前后约用药4次。北方梨区，一般第一次喷药在5月中旬，第二次在6月中旬，第三次在6月末至7月初，第四次在8月上旬。药剂可选用：波尔多液（硫酸铜∶石灰∶水=1∶2∶200）；40%拌种双可湿性粉剂1 000倍液；50%多菌灵可湿性粉剂800倍液；70%多菌灵和50%退菌特可湿性粉剂600～800倍液。

（2）梨锈病 防治关键是清除转主寄生和合理用药防治。

清除转主寄生 挖除桧柏是防治梨锈病最彻底有效的措施。在新发展梨园时，应考虑附近有无桧柏存在，如有零星的桧柏，应彻底挖除，如桧柏较多，则不宜作梨园。

合理用药防治 如梨园近风景区或绿化区，桧柏不宜挖掉时，可喷药保护梨树，或在桧柏上喷药，杀灭冬孢子。桧柏上用药应在3月上中旬进行，以抑制冬孢子萌芽产生担孢子，药剂可用3～5波美度石硫合剂或0.3%五氯酚钠。梨树上用药，应在梨树萌芽期至展叶后25天内喷药保护，即在担孢子传播侵染的盛期进行。一般应在梨树萌芽期开始用第一次药，以后每隔10天左右用一次，连用3次。雨水多的年份应适当增加用药次数。

药剂可选用：波尔多液（硫酸铜：石灰：水＝1：2：160～200）；65％代森锌可湿性粉剂500倍液；50％退菌特可湿性粉剂1 000倍液；20％萎锈灵乳油4 000倍液。梨树在盛花期应避免用波尔多液，以防发生药害。如必须用药，可改用65％代森锌可湿性粉剂500～600倍。

（3）梨小食心虫

人工防治 在末代幼虫脱离果实前，在树干上离地面30厘米高处绑缚草把，诱集越冬幼虫。封冻时，解下草把烧毁。在冬、春季，刮除枝干上的老翘皮，并用钢丝刷子刷树皮裂缝，杀死越冬幼虫。诱杀成虫：梨小食心虫成虫对糖、醋、酒的趋化性强，也有一定的趋光性。因此，可利用糖醋液，或黑光灯，或性引诱剂诱杀成虫。

适时用药防治 在成虫产卵期和盛孵期，应用药防治。药剂可选用：40％乐果乳油1 000～1 500倍液；80％敌敌畏乳油1 000倍液；90％晶体敌百虫800～1 000倍液；50％杀螟硫磷乳油1 000倍液；20％杀灭菊酯或10％氯氰菊酯乳油2 000～3 000倍液。

（4）梨木虱 梨木虱的防治关键，在于加强早期防治，掌握越冬成虫出蛰盛期，集中消灭越冬成虫及已产下的一部分卵，这时梨树尚未长叶，成虫和卵均暴露在枝条上，效果显著。

① 清洁梨园：冬季清扫梨园中的落叶、杂草，刮除树干上的老翘皮，集中烧毁，消灭越冬成虫；②人工扑杀：在越冬成虫出蛰期，于清晨气温较低时，在树冠下铺设塑料膜，振落越冬成虫，收集捕杀；③用药防治：在越冬成虫产卵前和梨树开花前小若虫期各用药一次，杀死成虫、卵和若虫。药剂可选用40％乐果乳油1 000～1 500倍液；90％晶体敌百虫或80％敌敌畏乳油1 000倍液；20％双甲脒乳油1 000～1 200倍液。

（5）梨蚜虫类 主要采取人工防治和用药防治相结合的措施。

人工防治 梨二叉蚜的人工防治，可在越冬期间，刮刷梨树的树皮裂缝，消灭越冬卵。梨黄粉蚜的人工防治，可在越冬期间，扫除落叶、杂草，刮除树干上的粗皮，剪除秋梢和干枯枝，并集中烧毁，消灭越冬虫卵。

用药防治 梨二叉蚜的用药防治，可在梨树花期前后，越冬卵孵化盛期、若虫尚未钻入芽内，各喷施一次40%乐果乳油1 000倍液，或40%乐果乳油1 500～2 000倍液。梨树萌芽前，喷施3～5波美度石硫合剂，对消灭梨黄粉蚜的越冬卵，也有一定的效果。

37. 如何提高梨果实的品质?

（1）合理配置授粉品种，提高授粉率 大多数梨品种自花不实或结实率不高。授粉树主栽品种选择不当或配置方式不合理，都会造成梨花的授粉不良，影响梨树的坐果率和果形。配置授粉品种应注意四点：一是选择的授粉树能和主栽品种同时开花，能产生的花粉量大、发芽率高，且花粉亲和力强；二是选择与主栽品种同时进入结果期、寿命相近、每年都能开花的品种；三是选择授粉树生产能力强、果实经济价值高、适应性强的品种；四是选择既与主栽品种能互相授粉，且果实成熟期相同或相近的品种。主栽品种与授粉树的配置比例以（4～5）∶1较为适宜，如果是两个或两个以上主栽品种则可互相授粉，等量配置。

（2）疏花疏果，控制适宜的负载量 梨树负载量过大时，果实个头小、品质差。为提高梨果实的品质，减少落果，克服大小年，要进行合理的疏花疏果，控制树体负载量。留果量应根据品种、树龄、树势、坐果量、修剪轻重和土壤营养条件等因素综合考虑。一般大年应从上年冬剪疏花芽开始，当花蕾与果台枝分离时，把多余的花序去掉，疏果一般从落花后两周开始，大果型品种每花序留 1 个果，少数留 2 个；中果型品种每花序留 1～2 个果；小果型品种每花序留 2～4 个果。疏果时先疏去小果、病虫果、歪果。由于梨花序中边花先形成，先开放，形成的果实较大，品质较好，一般疏去花序中心的幼果，保留边果。

(3) 合理修剪，调节光照 合理修剪，创造良好的光照条件，尽可能做到“枝枝见光，果果向阳”，这是提高梨果实品质的重要途径。为此，梨树整形修剪要注意以下几点：一是应用小冠树形，培养良好的树体结构；二是幼树初果期应注意调整枝条方位，使枝条分布均匀，角度开张，充分利用光能；三是及时清除密生枝、无用徒长枝、病虫枝、下垂衰弱枝，以改善内膛光照条件，节约营养，增强树势；四是盛果期树及时落头开心，清理层间，处理裙枝，使树体充分利用上光、侧光及下光，提高光合效能，为果品优质奠定基础；五是处理好个体与群体的关系，对行株间交接枝采用“伸伸缩缩”的修剪方法，使行间保持一定的作业道，以利通风透光；六是摘叶转果，在果实成熟前 15～30 天，把盖在果实上面的老叶摘去，以提高果面对直射光的利用率，使果面均匀着色。果实一般阳面着色好而阴面着色差，待阳面着色后，即可小心地将果实阴面转到阳面，使果实全面着色。

(4) 加强田间综合管理，提高果树品质 土、肥、水管理是提高梨果实品质的根本途径。对沙地、滩地、浅土层地要掏沙换土，深翻扩穴，不断增加土壤有机质含量，增强根系的活动性，从而达到增大果个的目的。提高梨果实品质的合理施肥原则是重施有机肥，适时适量追施氮肥，增施磷、钾肥，配合叶面喷肥。根据这一原则，在施肥时要做到以下四点：一是采果后早施有机肥；二是春、秋季适量追施氮肥，夏季控施氮肥；三是花芽分化及果实膨大期追施磷钾肥；四是叶面喷施磷钾肥，在果实膨大着色期喷施浓度 2～4 克/千克的磷酸二氢钾或 3～5 克/千克的硫酸钾溶液，间隔 15 天喷 1 次，连喷 2～3 次，对增大果个、提高含糖量、促进着色具有明显作用。

提高梨果实品质的水分管理途径是灌溉与保墒相结合。果实发育初期土壤不能过旱或过湿，严重干旱时要适量灌水，沙漠地区要特别注意做好保墒工作；果实膨大期不能缺水，要保持较稳定的土壤湿度，如干旱时要及时灌水，并实行树盘覆草保墒；果实成熟前要控制灌水。

(5) 及时防治病虫害 影响梨果实品质的病虫害主要是食心虫、黑星病、炭疽病以及因营养失调引起的缺素症等，而危害枝、干及叶片等部位后，间接影响梨果实品质的病虫害种类就更多，应针对不同病虫害发生危害特点，采取综合措施，及时防治，提高商品果率。

(6) 果实套袋 果实套袋不仅可使果皮色正细嫩，果点小，少锈无腐，光亮洁净，而且还能减少病虫危害。套袋时间一般在定果后的5月下旬至6月上旬进行，选择着生于果台基部的端正果套袋，纸袋以白色或黄色石蜡纸较好，旧报纸亦可。套袋后应加强病虫害防治工作，以免黄粉虫等爬入袋内，危害果实。

38. 梨园主要土壤管理制度有哪些？

土壤是植物生长的基础，是果树所需水分和矿质营养的来源。果园土壤管理是果树栽培技术的重要内容之一，也是整个果树栽培管理的基础。科学的果园土壤管理，能够为果树根系的生长发育提供良好的水、肥、气、热环境，可以维持和提高土壤肥力，促进果树生长发育，提高果品质量和产量，并且能够有效地控制水土流失，降低果园管理成本。

(1) 果园生草 果园生草法是指在果树行间或全园（树盘除外）长期种植草本植物作为覆盖物的一种果园土壤管理方法或制度。生草后土壤减少锄耕，以草治草，土壤管理较省工，但需对生草进行施肥、灌水等管理，一年要进行多次刈割，保持茬高5～10厘米，割下来的草就地腐烂或覆盖树盘。果园生草可以提高土壤肥力，改善土壤结构。生草的不足之处在于生草要求果园有较好的肥水投入，生草园在前三年左右的时间里，会表现出土壤有效态氮含量下降，以后表现出正常且有逐渐增加的趋势。因此，生草栽培必须注意适当增加氮肥用量。生草果园最好实行滴灌、微喷灌的灌溉措施，防止大水漫灌。

（2）覆盖法 覆盖法是指在果园地面以某种方式使果园地面与环境形成一个隔层的地面管理措施，其目的是土壤保墒、提高地温、灭草或改善树冠内光照状况等。常用果园覆盖方法有3种：第一是稻秆覆盖，将稻草、花生秧、玉米秆、杂草、树叶等有机物覆盖于行间和树盘，覆盖厚度为15厘米左右，条件好的地方实行常年覆盖；凡是采用稻秆覆盖的地方，能减少水土流失，对丘陵和山地果园均有较好的作用，能改善土壤结构，提高土壤肥力。第二是广泛种植覆盖植物，目前各地种植覆盖作物有花生、绿豆、黄豆、荞麦、西瓜等1年生作物；一般来说，种植覆盖作物，经过增施氮肥补充植物生长需要，不仅能避免与果树争夺养分，同时能防止山地果园的水土冲刷和流失，增加土壤的有机质，对改良土壤团粒结构作用显著。第三是地膜覆盖，地膜覆盖具有增温、节水、早熟和增产等作用，近年来在农作物上应用较多。一般根据不同的目的选择不同的地膜材料，如在幼树定植后，为了增加早春地温和防止水分蒸发，适宜选用白色地膜；为防止杂草生草和保持土壤水分可以选用黑色地膜；为了增加果实着色均匀，可以铺反光地膜。

（3）免耕法 免耕法是通过施用化学除草剂控制果园杂草，对果园土壤实行免耕的一种土壤管理方法。免耕法已经在我国果树生产上应用多年，虽然不普及，但它的省工高效的特点已被人共识。免耕法的优点主要是：无耕作或极少耕作，土壤结构保持自然发育状态，适于果树根系生长发育。果园光照、通风好，特别是果树树冠下通风透光更好。洁净的地面有反射光，可改善树冠内光照状况，较易清园作业，果树病虫潜藏的死枝、枯叶、病虫果、纸袋等一次清除，效率高。但是国外已有的研究表明：长期大量使用化学除草剂，既存在污染，又会导致土壤有机质含量下降，土壤肥力退化，最终影响果树后续生产力。因此，这将在一定程度上限制化学除草剂的使用。

（4）清耕法 清耕法即通过耕作来去除杂草，改善果树生长条件，是传统的地面管理方式，我国的果园土壤管理基本上都采用的是清耕制。常用的清耕处理方法有3种：一是犁耕，在果园行间用牛进行犁耕，来达到除草和松土的作用，同时可以增加土壤蓄水能力，减少土壤容重，增加土壤孔隙度，增强土壤透气性和通气性；二是旋耕，用旋耕机进行果园行间平整土地、耙碎土块、混拌肥料、疏松表层土壤；三是中耕，中耕可以疏松表土，铲除杂草，是果园经常进行的耕作方式。清耕可维持松散的土壤结构，促进土壤有机物氧化分解成速效态成分，控制杂草生长，但其缺点较多，最主要的是频繁清耕会大量损伤毛细根，连年清耕会造成土壤结构破坏，物理性质恶化，土壤有机质匮乏，树体早衰减产，果实品质下降。另外，由于梨园枝叶量大，果园密闭，机械很难进入，生产操作只能依靠人工，清耕增加了很多劳动投入，而人工费用的逐年增加，使得增加人工投入越来越难；清耕还有增加水土流失的风险，梨园大部分是建在山坡岭地，这一风险更严重。因此，清耕制度已不适应生产要求，需要新的替代技术。

39. 怎样提高梨栽植的成活率？

（1）合理的定植时间 秋末冬初的10月中旬至11月底是梨等果树的最佳栽植期。除灌溉条件好的地区可以在冬末春初栽植外，其他地区最好在秋末冬初栽植。此时雨季即将结束或刚刚结束，土中水分充足，地温较高，苗木地上部已停长，苗体内养分充足，而此时又正值根系生长高峰期，栽入定植穴后，因有充足的水分、适宜的温度和养分，就可迅速生长新根且很快定根，因而成活率高。次春能按时发叶抽梢，缓苗期短，生长量大。

（2）选择壮苗 苗木要选择品种纯正，生长健壮，组织充实，根系发达，嫁接愈合良好的甲级苗和乙级苗，并按区分片定植，不要大小优劣混栽。

（3）适宜栽植深度 适宜的深度即根颈（根与干的分界处）入土的深度：平地、洼地为3～5厘米，缓坡地5～8厘米，斜坡地9～12厘米，陡坡地12～15厘米，切忌过深或过浅，过深会影响根系呼吸，过浅则会减弱抗旱抗风能力。矫正位置和栽植深度后，把主根埋入定植丘内，把侧根按着生方向理顺后铺在定植丘的斜坡上，使之顺势引根向下，以利根系向下生长和向四周扩展。理顺根系后，用拌好细肥的细表土埋好根系，再填入底土，埋至稍高出栽植的适宜深度，把苗轻轻向上提动和向四周摇动数下，再用脚把四周松土踏紧，使根系与土壤充分接触。接着，沿定植穴四周培筑直径100厘米的盆形灌水盘，浇透定根水，定根水一定要浇透。

（4）栽后管理 栽后每隔半个月检查1次，如缺水就及时灌水，防止旱象发生，灌水必须灌透。定干整形是保证苗木正常生长的重要环节。定干时间是次年的2月上中旬，定干高度梨80厘米，其中上部20～30厘米作整形带，下部50～60厘米作主干。顶端剪口用油漆拌石膏粉涂严或用薄膜扎严，并扶正歪斜苗。

40. 梨果实的采后贮藏方式有哪些？

不同品种的梨其耐贮性不同，其中鸭梨、莱阳梨、香水梨、巴梨、雪花梨、砀山酥梨等品质好又耐贮藏。一些含石细胞多的梨，如山西笨梨、黄梨等极耐贮藏。鸭梨、雪花梨、莱阳梨、长把梨等品种梨在贮藏过程中易发生果心、果肉褐变，主要由于这些品种梨对低温或者二氧化碳较敏感的缘故，因此在贮藏过程中要注意逐渐降温和低二氧化碳或无二氧化碳贮藏。

梨的贮藏方法很多，有室内贮藏法、冷库贮藏法、气调贮藏法。

室内贮藏法是果农普遍采用的一种方法。利用此方法贮藏梨4～5个月，果皮鲜绿、果肉无变色现象。果实采收前喷布多量式波尔多液。果实采后挑选无病虫、无机械伤的果实放入果筐或箱中，果筐或箱内衬有0.06～0.07毫米厚的聚乙烯保鲜袋，袋内按果实重的5%加入生石灰，石灰用纸包成几个小包，分别放在果筐、箱的不同地方。在10月中下旬当外界气温降低时，将在阴凉通风处经预冷的梨移到空闲屋内。入室后如果室温白天较室外低，夜间较室外高时，白天宜在门窗上挂布帘，晚上应把门帘全部打开，充分利用外界低温与室温对流，以降低室温。当外界气温低于0℃时，窗要密封，再冷时，门上吊棉门帘，保持温度。室内温度以0℃为宜。贮藏过程中要注意经常打开袋口通风。

冷库贮藏是目前普遍采用的贮藏方法，在冷库贮藏过程中要注意冷害的发生。鸭梨、雪花梨、把梨采后不能像苹果那样直接入0℃冷藏，否则，梨黑心严重。一般在10℃以上入库，每周降低1℃，降至7～8℃以后，再每3天降低1℃，直至降到0℃左右。这一段时间大约需要30～50天。在冷藏条件下，要结合气调贮藏。气调贮藏可用气调帐或塑料薄膜小包装进行，特别要注意的是，鸭梨、莱阳梨、长把梨、雪花梨在较低浓度的二氧化碳下就会发生中毒现象，表现症状是果肉、果心变褐。因此要采取二氧化碳小于1%或无二氧化碳的贮藏方法，这可以通过在袋或帐中加入生石灰或经常放风的方法来解决。

气调贮藏可以推迟梨果肉、果心的变褐，推迟褪绿，保持梨的脆性和风味。气调贮藏除了可采用大帐和塑料袋小包装的简易气调贮藏外，还可利用气调库、气调机进行贮藏。其气调贮藏方法与苹果相似，不同之处是必须严格控制二氧化碳浓度，使二氧化碳浓度控制到最低的程度。

41. 梨周年如何管理？有哪些主要管理技术要点？

(1) 1～2月（休眠期） 管理技术要点：①合理整形，科学修剪，使枝条疏密合理；②刮除成龄树的老树皮、翘皮；③清扫果园枯枝落叶、病虫僵果、杂草，带出果园烧毁或深埋，消灭病虫害发生源。

(2) 3月（萌芽期） 管理技术要点：①休眠期未完成刮皮工作的果园继续做好此项工作：刮除腐烂病疤，涂抹伤口；全树喷一遍3～5波美度石硫合剂；发芽前全园喷布3～5波美度石硫合剂，主要防治梨黑星病、黑斑病、红蜘蛛、梨木虱、潜叶壁虱等。②施追肥，施肥后及时灌足花前水，增强树势，提高树体抗病虫能力。③发芽前栽树，晚熟品种单一或比例过大及授粉品种少的梨园，应进行高接换种。④花前喷氯氰菊酯1 500倍液，防治梨卷叶虫、金龟子等；花序伸出期喷2～3波美度石硫合剂，防治轮纹病、梨圆蚧、干腐病。

(3) 4月（花期—幼果期） 管理技术要点：①花期喷肥：在梨树花蕾期至盛花期用0.3%～0.5%的硼肥连续喷两次能明显提高坐果率；②疏花疏果：将各级延长枝上的腋花芽疏除，以保证延长新梢的健壮生长；花量适中的树、旺树、幼树，不宜疏花，花量过多的树，可将弱花序疏掉；③结合疏花采集即将开放的花蕾或初开的花朵，取出花药，自然晾干，收集花粉，进行人工授粉，同时提倡梨园放蜂；④花落掉2/3时，喷一次药，用药种类及防治对象同花芽露红期，花前喷药应首选 40%福星 8 000 倍液或仙生 600 倍液等，加 10%的吡虫啉 3 000 倍液或 3%莫比朗 2 000～3 000 倍液，主要防治蚜虫、梨木虱、梨大食心虫、黑星病、黑斑病等。

(4) 5 月（幼果期） 管理技术要点：①追肥：展叶期一般在盛花后 25～30 天，叶面积的 85%已经形成，此时追肥对树体的花果调节效果好，5 月上旬（花后）进行第 2 次追肥，5 月上中旬浇水 1～2 次，有利于幼果膨大和叶面积迅速扩大；②疏果：落花后 2 周开始疏果，一般只疏一次果；③果实套袋前喷药：喷药时可加钙宝、巨金钙、氨钙宝等 800 倍液；果园挂诱虫净诱杀金龟子等虫害；④果实套袋：花后 20～40 天开始套袋，10～15 天完成。

(5) 6 月（幼果期—果实膨大期） 管理技术要点：①全园喷施杀虫、杀菌剂，喷药 1～2 次，主要防治梨木虱、椿象、红蜘蛛、黑星病、黑斑病等，可选用 10%扑虱蚜 5 000 倍液或 0.9%阿巴汀 3 000 倍液或 70%甲基硫菌灵 1 000 倍液或 800 倍大生 M-45 或 50%多菌灵；②追施果实膨大肥，每亩施尿素 50～80 千克、硫酸钾 50～80 千克，喷药时可加氨基酸等叶面肥，叶面喷肥，绿芬威系列、0.3%磷酸二氢钾、0.3%尿素等均可；③采取摘心、环剥、倒贴皮、拿枝、扭梢、拉枝等方法进行夏季修剪，成龄园对发育枝摘心，主要是为控制过度的加长生长，强枝摘心，可分散极性生长；延长枝摘心后可产生分枝，以便及早选出骨干枝；对过密新梢要及时疏除。

(6) 7～8 月（果实膨大期） 管理技术要点：①疏枝拉枝，疏掉无用的直立枝、密挤枝、病虫枝等，对于有空间的直立枝可拉倒补空；②病虫害防治对象及杀虫剂同 6 月中下旬，杀菌剂选用波尔多液与 25%多菌灵 250 倍液、1 000～1 500 倍的百菌清等交替使用，每隔 7～12 天喷一次；③采前管理，为防止采前落果，应在采收前 1 周浇 1 次水，以免采收后落叶；采收时注意保护好枝、叶，早熟品种果实采收时，要连果梗一起摘下，做到轻摘轻放，避免摩擦碰撞；继续进行病虫害防治工作，食心虫严重的果园，要喷 3 000 倍菊酯类杀虫剂，采前 10 天停止用药；采前落果严重的品种，于采前 40 天左右喷 1～2 次 30%～40%萘乙酸钠盐进行防治。

(7) 9～10 月（果实成熟期） 管理技术要点：①继续疏除直立枝、过密枝，改善光照；②每隔 10～15 天喷布 1 次绿维虫清 6 000 倍液＋福星、菌立灭 2 号、农抗 120、杀菌优等；③分期采收果实，先采上部和树冠外围果，后采树冠内膛的果，套袋果应迟采 10～15 天，做到轻采轻放；入库前应认真选果，清除掉伤果、虫果、畸形果，套袋果应取掉纸袋。

(8) 11～12 月（采后落叶期） 管理技术要点：①采果后全园喷一次退菌特＋西维因，人工捕捉天牛和吉丁虫幼虫，刮树干清除虫卵，杀灭越冬病虫；②清除落叶、烂果、杂草、病虫枝，集中深埋或烧毁；③施基肥，基肥应尽量早施，亩施优质农家肥 3 000～4 000 千克、碳酸氢铵 100～150 千克、过磷酸钙100～150 千克、硫酸钾 50 千克或氨基酸肥 60～80 千克；④冬季修剪，幼树阶段应以整形为主，在不影响骨干枝生长的前提下，尽量提早结果；采取各种成花措施，如拉枝、缓放、捋枝、捻梢，辅养枝环刻、环剥、倒贴皮等；成龄树修剪主要是调节好营养生长和生殖生长的平衡。

四、桃

42. 我国桃树生产的现状与发展趋势如何？

桃起源于我国西北的陕甘地区，是我国重要的经济果树，据联合国粮农组织（FAO）统计，2016 年我国桃种植面积已达 1 254.8万亩，总产量 1 444 万吨，分别占世界总量的 51.0%和 57.8%，均居世界首位。我国桃的自然产区主要有西北、华东、华北桃产区，另外，还有西南和东北两个新的桃产区。目前我国桃栽培面积位居前 5 位的省份是山东、河北、河南、湖北、四川。一些著名的桃品种如肥城桃、上海水蜜桃、奉化玉露桃等享誉全世界，特别是改革开放以来，随着大量桃、油桃新品种的育成与推广，我国桃树生产发展很快，涌现出一批远近闻名的“桃乡”或桃基地，如北京平谷、上海南汇、成都龙泉驿、河北乐亭、山东蒙阴等。

(1) 生产现状 面积、产量成倍增长，栽培区域明显扩大；品种多样化；设施栽培蓬勃发展；栽培方式向集约化迈进。

(2) 存在问题 区域化程度低，品种结构不合理；栽培管理水平低，果实品质差；贮藏加工运输等设施不配套；良种繁育体系不健全，苗木市场混乱。

(3) 发展趋势 品种区域化、多样化、特色化、国际化；果实绿色化、优质化、高档化、品牌化；栽培规模化、管理集约化；技术规范化、标准化。

桃树具有结果早、丰产早、收益快等优点，而且栽培管理相对容易，对土壤气候的适应性强，无论南方、北方、山地平原均可选择适宜的砧木、品种进行栽培。当前，我国正在大力调整农村种植业结构，发展高效农业，增加农民收入，桃树作为高效种植业之一，必将面临良好的发展机遇，前景十分广阔。

43. 桃果的营养价值及功效有哪些？

桃是深受人们喜爱的大宗果品，味道鲜美，营养丰富，古语有“桃养人”的说法。现代科学研究已经证明，桃果富含多种营养物质，每100克可食部分含糖7～15克、有机酸0.2～0.9克、蛋白质0.4～0.8克、脂肪0.1～0.5克、维生素C 3～6毫克、类胡萝卜素1.18克，还含有钙8.0毫克、磷20毫克、铁1.2毫克等。

铁是人体造血的主要原料，而桃果实的含铁量是苹果和梨的4～6倍；桃果中还含有丰富的钾，可以帮助人体排出多余的盐分。

水果中最重要的保健成分是类胡萝卜素、酚类物质和纤维素。类胡萝卜素是维生素A的主要来源，而维生素A对保证人的生长发育、生殖和抗感染能力有至关重要的作用。桃果实中的类胡萝卜素主要是β-胡萝卜素和β-玉米黄素。酚类物质具有较高的抗氧化活性，黄酮醇是桃和其他核果类水果中含量最丰富的酚类物质。桃中含有丰富的果胶与适中的纤维，既能增加饱腹感，还能促进肠胃蠕动，加速新陈代谢，有利于食物的分解。

桃的根、叶、皮、花、果、仁均可入药，具有医疗作用。中医认为，桃仁味苦、甘、平；桃叶、桃根、桃花苦、平；桃枝甘、苦、平；桃奴味苦，微温。桃子性热而味甘酸，有补益、补心、生津、解渴、消积、润肠、解劳热之功效。

桃的果肉对慢性支气管炎、支气管扩张症、肺纤维化等出现的干咳、慢性发热、盗汗等症，可起到养阴生津、补气润肺的保健作用。

桃仁则有祛瘀血、润燥滑肠、镇咳之功，可治疗瘀血停滞、闭经腹痛、高血压和便秘等。

桃花也可入药，将白桃花焙燥研成细末，对水肿腹水、脚气足肿、大便干结、小便不利疗效显著。

桃仁含油率高达 45%，同时含有苦杏仁苷、脂肪、挥发油、苦杏仁酶及维生素 B_1 等。桃仁醇提取物有显著的抑制血凝的作用。其苦杏仁苷能分离出氢氰酸，对呼吸中枢有镇静作用。

44. 桃品种发展趋势是什么？桃品种有哪些类型？

桃品种发展趋势是：有花粉，自交结实率高；果肉硬脆，留树时间长，耐贮运；黄肉桃（甜香型）走俏；油桃品种销路越来越好；油蟠桃等高品质桃品种受欢迎；然后是抗蚜品种、观赏品种、特异品种。桃品种类型的划分根据品种本身的特性和应用目的不同有多种，常见的有以下几种：

（1）根据品种的生态型划分 北方品种群典型代表品种有肥城桃和深州蜜桃；南方品种群代表品种有白花水蜜、奉化蟠桃。目前，生产中的栽培品种融入了多种来源的基因，很难划分生态品种群，但总的来说偏向南方品种群。

（2）根据实用的目的、果实或花类型划分 可分为 6 类：①普通桃品种有春美、雨花露、秋蜜红、黄水蜜等；②油桃品种有中油桃 4 号、晴朗、瑞光 5 号等；③蟠桃品种有瑞蟠 4 号、中蟠 1 号等；④加工桃品种有豫白、丰黄、金童 5 号等；⑤观赏桃品种有红寿星、粉寿星、碧桃、菊花桃等；⑥砧木有毛桃、山桃、GF677 等。

（3）根据果实成熟期划分 可分为 5 类：①极早熟桃：从开

花至果实成熟的天数，即果实发育期在 65 天及以下，如春蕾、极早 518 等；②早熟桃：果实发育期 65～90 天，如黄水蜜、玉美人、春美、砂子早生等；③中熟桃：果实发育期 91～120 天，如大久保、湖景蜜露、川中岛白桃、秋甜等；④晚熟桃：果实发育期 121～150 天，如秋蜜红、瑞蟠 4 号等；⑤极晚熟桃：果实发育期 150 天以上，如映霜红、雪桃、中华寿桃等。

(4) 根据果实颜色划分 可分为 3 类：①白肉桃：春美、秋蜜红、秋甜、玉美人等；②黄肉桃：黄水蜜、黄金蜜 4 号、锦绣等；③红肉桃：血桃、天仙桃、大红袍等。

(5) 根据果肉质地划分 可分为两类：①溶质桃：又分为软溶质和硬溶质，如黄水蜜、春美、大久保等；②不溶质桃：果实成熟时不易剥皮，果肉具韧性，如罐桃 14、连黄等。

在实际应用中，往往综合概括一个品种，如曙光为极早熟、黄肉、硬溶质油桃品种。

45. 桃苗木的繁育方法主要有哪些？

桃苗木繁殖的方法有嫁接繁殖和扦插繁殖。生产中以嫁接繁殖方式为主。常用的砧木类型有毛桃、山桃、毛樱桃等。嫁接苗的繁育步骤主要分为以下步骤：①种子的采集与贮藏；②种子的层积处理；③播种与砧木苗的管理；④嫁接；⑤嫁接后管理。

桃树苗木种类的划分是根据苗木培育所需时间长短、品种接芽萌发与否而定。桃嫁接育苗可分为 1 年生苗（三当苗）的繁育、2 年生苗的繁育、芽苗的繁育等。

桃树速生苗（三当苗）也是成苗，其培育时间为 1 年，即当年播种、当年嫁接、当年接芽萌发而形成成苗。三当苗的培育具体包括以下过程：

(1) 实生砧木苗的培育 早春播种，播种前应先深翻 20 厘米，并施入足量的腐熟有机肥，耙平；起垄，垄深 10 厘米，垄距40厘米，或垄距70～80厘米（双行）；开沟深度7～8厘米，施入少量底肥，然后向新开沟内灌水，灌足；水渗后播种，株距7～8厘米，胚根向下，轻插，以免破坏胚根；最后再培土4厘米左右。幼苗出土后及时中耕除草，加强肥水，及早去除砧苗基部10厘米以下发生的分枝，促进砧苗迅速生长。

（2）嫁接 嫁接时间一般在6月，此时苗木高度要求在50厘米以上，嫁接部位距地面20厘米处，通常采用T形嫁接方法，注意芽眼露出，以利接芽萌发。接后立即去掉砧木上部生长点（砧木从接芽位置算起留6～7片成叶），灌足水。

（3）嫁接后的管理 为促进嫁接芽的萌发，嫁接后在接牙上方留3片叶立即剪砧、待接芽萌发后紧贴接芽剪砧；对于接芽下方保留有6～7片完好叶片的，嫁接后即可剪砧，及时除去砧木萌蘖。除蘖工作要反复进行多次，直到嫁接芽抽生的新梢长到20厘米以上时。接芽大量萌发后、隔10～15天浇1次水，并松土除草。进入雨季后，应及时排水防涝，防止根腐病发生。结合松土除草，追施尿素，9～10月叶面喷施磷酸二氢钾2～3次，促进接芽的饱满。到秋季苗木一般可长到1～1.5米，距地面10厘米处的粗度可达0.6厘米以上。

为保证苗木质量，在三当苗培育的关键环节要做到以下几个方面：培育壮砧、提早嫁接、按时除萌、及时剪砧、加强肥水管理。

46. 如何建立一个标准化桃园？

桃树建园要根据当地的气候、交通、地形、土壤、水源等条件，结合桃树的适应性，选择阳光充足、地势高燥、土层深厚、水源充足且排水良好、交通便利的地块。标准化建园是未来成功和盈利的关键，应从以下几方面着手：

（1）园地选择 首先要考虑桃树能否正常生长，把桃园地选择在桃树能正常生长的地方。我国桃树经济栽培适宜带以冬季低温不低于−25℃的地带为北界，冬季平均温度低于7.2℃天数在1个月以上的地带为北线。桃树耐涝性差，园地宜选在地下水位低、不宜积水的地方。pH>8的地方不宜栽植桃树。

其次，要考虑土壤条件，把园地选择在土层比较深厚，透气性好的沙壤土或壤土上，对土壤条件不适宜的园地，要进行改良。

最后，桃树对重茬反应敏感，往往表现生长衰弱、产量低、寿命短等现象。若必须重茬的，也可采用挖大定植穴彻底清除残根、晾坑、错位定植、客土等技术措施。重茬园必须加强肥水管理。

（2）规划设计 桃园规划要根据地形、地貌、规模、机械化程度、气候特点、土壤状况，按照高产优质、高效运行进行全面布局。主要做好以下几方面的设计：防护林建设、道路及排灌系统、小区规划、桃园附属建筑（办公区、生活区、田间装果区、分级区等）。

（3）品种选择 新建桃园品种选择的基本原则是：花粉丰富、自交结实；品种的适应性；当地的生态气候优势；考虑目标市场；半矮化品种；重视砧木；从正规单位购苗，谨防欺诈。

（4）栽植 桃树栽植时期，一般可分为秋季落叶后和早春萌芽前，但秋植更有利于伤口愈合、促进新根生长、缩短缓苗期。栽植前按栽植密度挖栽植穴，确定好栽植深度后把苗木放入穴内，将根系舒展，然后填土，边填边踏边提苗，并轻轻抖动，以便根系向下伸展，与土紧密接触。填土至地平，做畦，浇水。

（5）栽植后管理 栽后立即浇水，灌水量要足，一次浇透。待水渗下后，逐棵检查，将苗扶正，并将下沉坑填平；及时松土覆膜。当年新梢长至10厘米长时进行第一次追肥，采用环状沟法，以后每隔20天追肥一次。及时防治虫害，保证桃树健康生长。

47. 桃园土壤管理技术要点有哪些？

桃园土壤管理的根本任务是通过采用适宜的耕作制度与技术，以不断改良和培肥土壤，为桃树根系的生长创造良好的水、肥、气、热条件。

目前生产上桃园常用的土壤管理方式主要有以下几种：

（1）清耕 清耕是在整个生长季经常对桃园土壤进行中耕除草，常年保持土壤疏松无杂草的一种桃园土壤管理方法。优点是保持桃园整洁，避免病虫害滋生；保持土壤疏松，改善土壤通透性，加速土壤有机质的矿化和矿质养分的有效化，增加土壤养分供给，以满足桃树生长发育的需要。但长期采用清耕法管理，会加速土壤有机质消耗。

（2）覆草 覆草泛指利用各种作物秸秆、杂草、树叶等材料在桃园地面进行覆盖的一种桃园土壤管理方法。包括全园覆草、株间覆草、树盘覆草等方式。通过果园覆草可以增加土壤有机质含量、稳定地温、保墒增水、防止杂草生长、防止土壤泛碱等。

（3）种植绿肥 种植绿肥是在桃园种植各种绿色植物作为有机肥的一种土壤管理方法。生产实践证明，桃园因地制宜合理种植和利用绿肥，对于防风固沙、保持水土、培肥土壤，提高树体营养水平、促进丰产、改善品质，以及降低生产成本等均具有良好作用。

（4）生草 生草是在桃树行间或全园保持有草状况，并定期刈割覆盖于地面的一种土壤管理制度。生草有人工生草和自然生草两种方式，生草能够提高土壤有机质含量，防止水土流失，培肥土壤；调节土壤湿度，改善果园微域生态环境；促进果树生长发育，提高产量，改善品质；减少果园土壤管理用工等。草种选择：华北产区可选苜蓿；黄河流域产区、长江流域产区和华南产区，首选毛叶苕子，也可选苜蓿。

（5）免耕 免耕是指通过施用化学除草剂控制桃园杂草，对土壤实行免耕的土壤管理制度。化学除草效率高、成本低、使用方便，能经济有效地控制杂草。生产上常用的除草剂有草甘膦等。

（6）地膜覆盖 桃园地膜覆盖栽培就是采用各种地膜覆盖桃园地面的一种土壤管理制度。地膜覆盖栽培的优点是防旱保墒，提高地温，抑制杂草；改善桃园特别是树冠中下部光照条件；减少病虫危害；促进桃树生长发育，提高产量，增进着色，改善果实品质。缺点是长期使用会对农田土壤造成污染。

48. 桃园水分管理的关键技术有哪些？

桃树树体的生长、土壤营养物质的吸收、光合作用的进行，有机物质的合成和运输、细胞的分裂和膨大等一系列重要的生命活动，都是在水的参与下进行的，因此，水分供应是否适宜，是影响桃树生长发育、开花结果，高产、稳产、果实品质优良的重要因素。

（1）灌水时期

萌芽前 为保证萌芽、开花、坐果的顺利进行，要在萌芽前灌透水1次，并能下渗80厘米左右。

硬核期 这一时期桃树对水分十分敏感，缺水或水分过多均易引起落果。因此，如果干旱应浇1次过堂水，即水量不宜过多。

果实第二次速长期 即中、晚熟品种采收前15～20天。这时正是北方的雨季，灌水应根据降水量而定。若土壤干旱可适当轻灌，切忌灌水过多。否则，易引起果实品质下降和裂果。

落叶后 桃树落叶后，土壤冻结前可灌1次越冬水，以满足越冬休眠期对水分的需要。

（2）灌溉方式

畦灌 平整的土地采用畦灌，做成畦埂后，引水灌溉，因此法耗水量大，在水源充足，能自流灌溉的果园可用此法。

沟灌 又叫条沟灌溉。在行间根据株行距大小，开一条至数条深20～25厘米的沟，沟与水源相连，将水引入沟内，再自然下渗到根系，后封土保墒。在土地不平、水源缺乏时可用此法，较畦灌节水50%～70%。该法省水，对土壤结构的破坏程度较轻，便于机械或畜力开沟，是我国目前使用广泛的一种灌溉形式。

喷灌 利用机械设备把水喷射到空中，形成细小雾滴进行灌溉，这是目前最先进的灌水方法之一。喷灌不会破坏土壤结构，不会造成水土流失，可以比畦灌节约用水30%～40%。

滴灌 是将灌溉水通过压入树下穿行的低压塑料管道送到滴头，再由滴头形成水滴或细小的水流，缓慢流向树的根部，每棵树下有滴头2～4个。滴灌不产生地面水层和地表径流，可防止土壤板结，保证土壤均匀湿润，保证根部土壤的透气性，并能比畦灌节水80%～90%，比喷灌节水30%～50%。

(3) 桃园排水 桃不耐水淹，怕涝。桃园短期积水就会造成黄叶、落叶，积水2～3天能将桃树淹死。因此，必须重视排水，尤其是在秋雨较多、地势较低、土壤黏重的桃园，应提前挖好排水沟，以便及时排出多余水分。排水系统建园时就应该设置，而且每年雨季到来以前进行维修，保证排水时渠道畅通。

49. 桃树缺素诊断技术是什么？

为了达到丰产、优质的目的，必须根据桃树体的生长结果需要，适时补充必要的营养元素。而由于施肥不平衡以及桃园本身土壤元素含量缺乏等都会导致缺素症状的出现，因此根据桃树不同生长发育期对营养元素的需求，注意元素之间比例的协调，合理施肥才能达到预期的施肥效果。

缺氮 土壤缺氮会使全株叶片变浅绿色至黄色。起初成熟的叶或近乎成熟的叶从浓绿色变为黄绿色，黄的程度逐渐加深，叶柄和叶脉则变红。新梢生长受阻，叶面积减少，枝条和叶片相对变硬。

缺钙 桃树对缺钙很敏感，主要表现在幼根的根尖生长停滞，而皮层仍继续加厚，在近根尖处生出许多新根。严重缺钙时，幼根逐渐死亡，在死根附近又长出许多新根，形成粗短多分枝的根群。

缺钾 缺钾叶片向上卷，夏天中期以后叶变浅绿色，后来从底叶到顶叶逐渐严重。严重缺钾时，老叶主脉附近皱缩，叶缘或近叶缘处出现坏死，形成不规则边缘和穿孔。随着叶片症状的出现，新梢变细，花芽减少，果小并早落。

缺磷 初期全株叶片呈深绿色，常被误认为施氮过多，若此时温度较低，可见叶柄或叶背的叶脉呈红褐色或紫色，随后叶片正面呈红褐色。

缺锰 主脉和中脉邻近组织绿色，叶脉间和叶缘组织褪绿。叶片长大前一般不会出现褪绿。随着生长，老叶色泽变得更深。只在极为严重的情况下新梢生长才矮化，叶片才呈现坏死斑点和穿孔。

缺铁 缺铁主要表现在新梢的幼嫩叶片上。开始叶肉先变黄，而叶脉两侧仍保持绿色，致使叶面呈绿色网纹状失绿。随病势发展，叶片失绿程度加重，出现整叶变为白色，叶缘枯焦，引起落叶。严重缺铁时，新梢顶端枯死。病树所结的果实仍为绿色。

缺镁 主要在老叶发病，幼叶一般不发生。多在果实膨大期开始表现症状，而在生长初期很少表现。发病初期，老叶叶缘和脉间出现浅绿色水渍状斑点，斑点逐渐扩大为紫褐色坏死斑块，叶脉及其附近组织仍保持原有绿色，有时叶尖和叶基也维持绿色。发病后期，病叶卷缩早落，并由新梢下部向中上部发展，最终只在梢尖附有少数幼叶。茎细，花芽少，幼果易落。

缺锌 早春新梢顶端的叶较正常的小。新梢节间短，顶端叶片挤在一起呈簇状，形成一种病态，也称为小叶病。夏梢顶端的叶片乳黄色，甚至沿着叶脉也只有很少的绿色部位。在这些褪绿部位，有时出现红色或紫色污斑，后来枯死并脱落，形成空洞。缺锌的树结的果小，果形不整。在大枝顶端的果显得果形小而扁。成熟的桃果多破裂。

50. 桃全年施肥技术要点有哪些？

（1）秋施基肥 一般在果实采收后（9～10月），此时地温较高，有利于肥料腐烂分解，且根系处于第2次生长高峰期，断根可迅速再生新根，促进根系生长，增加吸收量，提高树体贮藏营养水平，充实花芽。在基肥施用中，最好以厩肥、土杂肥等有机肥为主，每株施有机肥50～100千克，丰产园每亩每年施有机肥2 000～5 000千克。

（2）追肥 追肥即施用速效肥料来满足和补充桃树某个生育期所需要的养分。施肥方法有点施、撒施、沟施及叶面喷施。追肥每次株施氮肥0.15～0.25千克、磷肥1.0～1.5千克、钾肥0.15～0.25千克。幼龄树和结果树的果实发育前期，追肥以氮磷肥为主；果实发育后期以磷钾肥为主。一般果园每年追肥2～3次，具体追肥次数、时间根据品种、产量和树势等确定。

萌芽前后（3月上中旬） 桃根系春季开始活动期早，所以萌芽前追肥宜早不宜迟。一般在土地解冻后、桃树发芽前1个月左右施入为宜。

开花前后 开花消耗大量贮藏营养，为提高坐果率和促进幼果、新梢的生长发育以及根系生长，在开花前后追肥应以速效性氮肥为主，辅以硼素。土壤肥力高时，可在花前施，花后不再施。

硬核期（5月下旬至6月上旬） 此时是由利用贮藏营养向利用当年同化营养的转换时期，此时的追肥应以钾肥为主，磷、氮配合。早熟品种氮、磷可以不施。中晚熟品种施氮量占全年的20%左右，树势旺可少施或不施，施磷量占全年的20%～30%，施钾量占全年的40%。

采收前 采前2～3周果实迅速膨大，增施钾肥或氮、钾结合可有效增产和提高品质。氮肥用量不宜过多，否则刺激新梢生长，反而造成质量下降。采果肥一般占全年施肥量的15%～20%。

采收后 果实采收后施肥，以磷、钾为主。主要补充因大量结果而引起的消耗，增强树体的同化作用，充实组织和花芽，提高树体营养和越冬能力。

根外追肥 根外追肥全年均可进行，可结合病虫害防治一同喷施。利用率高，喷后10～15天即见效。土壤条件较差的桃园，采取此法追施含硼、锌、锰等元素的肥料更有利。

(3) 施肥方法

环状（轮状）**施肥** 环状沟应开于树冠外缘投影下，沟深30～40厘米、宽30～40厘米，施肥量大时沟可挖宽、挖深些。施肥后及时覆土。此法适于幼树和初结果树，太密植的树不宜用。

放射沟（辐射状）**施肥** 由树冠下向外开沟，里面一端起自树冠外缘投影下稍内，外面一端延伸到树冠外缘投影以外。沟的条数4～8条，宽与深由肥料多少而定。施肥后覆土。这种施肥方法伤根少，能促进根系吸收，适于成年树，太密植的树也不宜用。

全园施肥 先把肥料全园铺撒开，用耧耙与土混合或翻入土中。生草条件下，把肥撒在草上即可。全园施肥后应配合灌溉。这种方法施肥面积大，利于根系吸收，适于成年树、密植树。

条沟施肥 在果树行间顺行向开沟，随开沟随施肥，及时覆土。国外许多果园用此法施肥，效率高，但要求果园地面平坦，便于机械化作业。开条状沟施肥，应每年变换位置，以使肥力均衡。

51. 桃树主要病虫害防治技术要点有哪些？

桃树主要病虫害防治技术要点见表8。

表 8　桃树主要病虫害及防治措施

病（虫）害名称	危害症状	发病（生）规律	防治措施
桃黑星病（疮痂病）	主要危害果实，也能危害果梗、新梢和叶片；果实发病最初出现暗绿色至黑色圆形小斑点，逐渐扩大至直径为2～3毫米病斑，周围始终保持绿色，严重时病斑聚合连片成疮痂状，果实近成熟时病斑变成紫黑色或黑色；叶片受害往往在叶背呈现多角形或不规则形灰绿色病斑，以后病部转为紫红色，最后病叶干枯脱落或形成穿孔	病菌主要以菌丝体在枝梢病组织内越冬至翌年4～5月产生新的分生孢子，由风雨进行传播，陆续侵染，5～6月多雨、潮湿时发病最重，果园低温或通风不良时加重该病的发生。病菌侵入寄主后潜伏期较长	栽植密度适宜，加强夏季管理，以保证桃园通风透光条件良好，雨季桃园及时排水，降低田间湿度；结合冬季修剪，剪除病枝并集中烧毁；喷布铲除剂，发芽前喷5波美度石硫合剂，清除枝条上越冬病菌；春季落花后，喷12.5%特谱唑可湿性粉剂1 200倍液，或50%福星乳油1 000倍液1次；生长前期结合防治其他病害，可喷洒70%代森锰锌可湿性粉剂800倍液；在6月症状出现后，可及时喷12.5%特谱唑可湿性粉剂2 000倍液，或50%福星乳油1 000倍液。间隔半月左右连喷2次病害可得到较好控制
桃炭疽病	主要危害桃果实，也可侵染枝条和叶片；果实被害处先产生褐色斑，后逐渐扩大呈暗褐色圆形斑，斑稍凹陷，病斑上产生黑褐色点状颗粒，呈同心轮纹状，后期病斑扩大成圆形或椭圆形，病害严重时常造成大量落果；新梢受害出现暗褐色病斑，略凹陷；病斑蔓延后可导致枝条死亡	病菌以菌丝体在病枝或病果内越冬，翌年早春病斑开始产生分生孢子，孢子借风雨转播，落到幼果、新梢、叶片上，形成初次侵染，5月中旬至6月中旬为发病盛期；病害发生和降雨密切相关，发病期间连续降雨，病菌的重复侵染使病害加重流行；树冠相对郁蔽、偏施氮肥的发病较重	加强栽培管理，合理施肥，及时排除果园积水，夏季及时去除直立徒长枝，改善树冠通风透光条件；冬季修剪时，彻底剪去干枯枝和残留在树上的病僵果，集中烧毁；在花芽膨大期，喷洒1∶1∶600波尔多液，或5波美度石硫合剂；落花后及时喷洒杀菌剂，可用70%甲基硫菌灵可湿性粉剂1 000倍液、50%多菌灵可湿性粉剂800倍液、40%炭特灵可湿性粉剂600倍液等，根据天气情况，可间隔10～15天喷1次药，注意不同药剂的轮换使用
桃褐腐病（菌核病）	危害果实，也危害花、叶和枝条；染病后发生褐色水渍状病斑，病花迅速蔓延萎缩，腐烂后表面丛生灰霉，枯死在枝条上不脱落；果实从幼果期到	病菌以菌丝体在僵果、病枝上越冬，第二年早春可产生大量分生孢子，随风雨传播，如花期遇雨，可大量侵染花朵，前期受	结合冬剪，彻底清除树上病僵果、病枝，地面清净落叶，集中深埋或烧毁；可喷5波美度石硫合剂，或5%菌毒清水剂100倍液，在萌芽前喷施；落花后如果连续阴雨应重视防治，可喷洒50%多菌灵可湿性粉剂

（续）

病（虫）害名称	危害症状	发病（生）规律	防治措施
桃褐腐病（菌核病）	成熟期均可发病，病菌感染果实后形成褐色圆斑，并迅速扩展到全果，使果实变褐腐烂，表面生出灰褐色霉层；枝条被害处形成灰褐色病斑，斑边缘紫褐色，常发生流胶	害部位可较快产生分生孢子，形成重复侵染；病菌主要通过伤口侵入，也可经气孔、皮孔侵入，病果和健果接触也可传染；果实近成熟期阴雨高湿发病加重	800倍液，或70%甲基硫菌灵可湿性粉剂1000倍液1～2次；生长期结合其他病害防治，可喷施80%大生M-45可湿性粉剂800倍液，70%代森锰锌可湿性粉剂1000倍液，50%代森铵水剂1000倍液，降雨后喷施50%多菌灵可湿性粉剂600倍液。果实接近成熟期，根据天气情况喷药，晴天可喷洒保护性杀菌剂，如70%代森锰锌可湿性粉剂1000倍液，65%代森锰锌可湿性粉剂500倍液，雨后及时喷洒50%多菌灵可湿性粉剂600倍液
桃流胶病	多发生于桃树枝干上，尤以主干和主枝杈处最易发生，初期病部略膨胀，逐渐溢出半透明的胶质，雨后加重；其后胶质渐成冻胶状，严重时树体全部流胶，皮开裂，皮层坏死，生长衰弱，叶色变黄，果小味苦，甚至枝干枯死	危害时，病菌孢子借风雨传播，从伤口可侧芽侵入，一年两次发病高峰；非侵染性流胶病害发生流胶后，容易再感染侵染性病害，尤以雨后为甚，树体迅速衰弱	选用抗病品种；加强土肥水管理，改善土壤理化性质，提高土壤肥力，增强树体抵抗能力；芽膨大前喷施3～5波美度石硫合剂，及时防治桃园各种病虫害；剪锯口、病斑刮除后涂抹843康复剂；落叶后树干、大枝涂白，防治日灼、冻害，兼杀菌治虫
桃根癌病	病瘤主要发生于桃树的根和根茎，其中以根颈长出的大根最为典型，有时也散布在整个根系上，受侵染部位发生大小、形状不等的瘤；初生癌瘤为灰色或略带肉色，质软，光滑，以后逐渐变硬并木质化，表面不规则，粗糙，而后龟裂	病菌在癌瘤和土壤内越冬；病害在苗圃发生最多；病菌的侵染开始于种子萌发阶段，也可侵染未受伤的根系。一般通过伤口（虫伤、机械伤、嫁接口等）侵入皮层组织，开始繁殖，并刺激伤口附近细胞分裂，形成癌瘤。土壤的酸碱度影响细菌的生长	加强栽培管理，增施有机肥，注意排水，改良土壤理化性状，碱性土壤可适当施用酸性肥料；严格检查出圃苗木，发现病株应剔除烧毁，苗木栽植前要先用根癌灵30倍液浸根5分钟；2～3年生幼树，可扒开根际土壤，用根癌灵30倍液每株浇灌1～2千克进行预防，对已患病的植株可用刮刀将癌瘤切除干净，伤口处贴附吸足根癌灵30倍液的药棉花，并在周围浇灌一定数量的根癌灵30倍液，刮下的癌瘤组织要及时清理烧毁；把作为砧木用的毛桃核于播种前用根癌灵30倍液浸泡5分钟，取出后播种

（续）

病（虫）害名称	危害症状	发病（生）规律	防治措施
蚜虫	分为桃蚜、桃粉蚜、桃瘤蚜。桃蚜与桃粉蚜以成虫或若虫群集叶背吸食汁液，也有群集于嫩梢先端危害的；粉蚜危害时，叶背满布白粉能诱发霉病；桃蚜危害的嫩叶皱缩扭曲，被害树当年枝梢生长和果实发育受影响；桃瘤蚜对嫩叶、老叶均可危害，被害叶的叶缘向背面纵卷，卷曲处组织增厚，凹凸不平，严重时全叶卷曲	每年发生10～20代；桃蚜以卵在枝梢芽腋、裂缝和小枝杈处越冬，第二年3月下旬后孵化，开始危害；桃粉蚜以卵在小枝杈处、腋芽及裂皮缝处越冬。第二年桃树萌芽时，卵开始孵化。5月上旬繁殖最重，比桃蚜危害时间长	加强冬春管理，结合冬春修剪，剪除被危害枝条，集中烧毁；桃树萌芽后喷95%机油乳剂100～150倍液防治蚜虫，兼治介壳虫和红蜘蛛；桃树落花后，蚜虫集中在叶上危害时，及时细致地喷洒10%吡虫啉可湿性粉剂1 000倍液，或2.5%高效氯氰菊酯乳油1 000倍液
红蜘蛛	有山楂红蜘蛛和苹果红蜘蛛两种，均吸食叶片及初萌发芽的汁液，严重时可危害幼果	一年发生5～7代；山楂红蜘蛛以受精雌成虫越冬，若虫孵化后群集于叶背吸食危害；苹果红蜘蛛以卵在树干上越冬，5月初开始孵化，危害直至9月下旬	结合冬季清园，清扫落叶，刮除树皮，翻耕树盘，消灭越冬雌虫和越冬卵；发芽前，用索力巴尔50～100倍液或3～5波美度石硫合剂喷雾；生长期，集中喷布5%尼索朗乳油1 500倍液
潜叶蛾	幼虫在叶内串食，使叶片上呈现出弯弯曲曲的白色或黄色虫道	一年发生4～5代，以茧蛹在被害落叶上越冬；翌年4月桃展叶后，成虫羽化，活动产卵于叶片表皮内；幼虫孵化后即潜食危害，幼虫老熟后，在叶内吐丝结茧化蛹；5月上中旬第一代成虫发生；8～10月危害最重	落叶后，结合冬季清园，彻底扫除落叶，并集中深埋或烧毁，消灭越冬幼虫；在成虫发生期，喷25%灭幼脲三号1 500倍、20%杀灭菊酯2 000倍、2.5%敌杀死3 000倍液等，均可收到良好效果

（续）

病（虫）害名称	危害症状	发病（生）规律	防治措施
桃小食心虫	危害桃果时，从幼果胴部或肩部蛀入果内，虫孔流出水珠状果胶，随着果实生长虫孔变小，成为小黑点，凹陷明显；果实畸形，果内充满虫类，俗称猴头果和豆沙果	1年发生1～2代，以老熟幼虫在土内作扁圆形“冬茧”越冬，次年5月中旬至6月上旬为出土盛期；出土后的幼虫蛹期9～15天，5月下旬成虫羽化，盛期为6月上旬，羽化后2～3天产卵，卵期6～7天。幼虫蛀果后果内危害20天左右，从6月下旬开始老熟脱果，7月上中旬是脱果的盛期	在越冬幼虫出土化蛹期：于地面喷洒75%硫磷乳油250～500克/亩，然后浅拌土，残效期可达50天以上；药剂防治：卵期和幼虫孵化期用50%杀螟松1 000～1 500倍液、50%马拉硫磷1 500倍液、20%桃小净1 200倍液等进行防治
桃蛀螟	以幼虫危害桃果实；卵产于两果之间或果叶连接处，幼虫易从果实肩部或两果连接处进入果实，并有转果习性；蛀孔处常分泌黄褐色透明胶汁，并排泄粪便黏在蛀孔周围	在我国北方1年发生2～3代，以老熟幼虫作茧越冬；5月下旬至6月上旬发生越冬代成虫，第一代成虫发生在7月下旬至8月上旬；第一代幼虫主要危害桃，第二代幼虫多危害晚熟桃等；成虫白天静伏于树冠内膛或叶背夜间活动	冬季或早春及时处理向日葵、玉米等秸秆，并刮除桃树老翘皮，清除越冬茧；生长季及时摘除被害果，集中处理，秋季采果前在树干上绑草把诱集越冬幼虫集中诱杀成虫；利用黑光灯、糖醋液诱杀成虫；用性诱剂诱杀成虫；在各成虫羽化产卵期喷药1～2次，交替使用2.5%功夫乳油3 000倍液，或20%杀铃脲悬浮剂8 000倍液

52. 目前桃树生产上常用树形有哪些？各有什么特点？

传统的桃树形有三主枝自然开心形和两主枝自然开心形，单株占地面积大，单位面积内种植数量少。目前生产中常见的密植株行距在 1 米×2 米、2 米×3 米、2 米×4 米之间变化。不同的栽植密度采用不同的树形。株、行距 1 米×2 米采用细长主干形、2 米×3 米采用纺锤形或 V 形、2 米×4 米采用 V 形。此外，可适当增加行距为 4～5 米，便于进行机械化操作。3 种适宜密植的树形及特点如下：

(1) 细长主干形

树体结构 整个树体结构由主干、中心干、结果枝三部分组成。中心干直立健壮生长，结果枝不分层次，互不交叉排列在主干上，上部果枝短些，下部果枝长些，树高 2～2.5 米，整个树冠呈上小下大树状。着生在中心干的果枝粗度在 0.4～0.8 厘米，过粗的果枝不留，各果枝着生角度在 45°～120°。上部果枝开张角度大些，下部小些。

优点 适宜密植栽培，成形快、结果早、见效快，结果枝着生在中心干上，结果部位不外移。整个树体没有寄生枝，树冠不郁蔽、光照好，结构简单、整形修剪技术易掌握。所结果实基本全部见光，优质果比率高。

缺点 一次性建园用苗数量多，为保证中心干直立生长，采用竹竿绑缚树干，并拉钢丝固定杆。夏季修剪季节性、时间性强，稍微管理不善树头过大。

(2) 纺锤形

树体结构 树体结构由主干、中心干、侧生枝组或小主枝、各类果枝组成。主干高 30～40 厘米，树高 2～2.5 米，冠径 1.5～2.5 米，在中心干上自然错落着生 6～10 个小主枝或侧生枝组，向四方均匀分布。各主枝间距 15 厘米左右，同方向主枝间隔 30～40 厘米，无明显层次。主枝单轴延伸，在主枝上直接着生结果枝组或果枝，主枝与中心干的夹角在 60°～80°，上部开张角度大，下部开张角度小些，整个树冠上小下大呈纺锤形。为防止与中心干竞争，主枝的粗度应控制在着生处主干粗度 1/2 左右。

优点 适宜中密度栽培，树冠成形快，修剪量小，枝芽量多，结果早。主枝不分层排列且互不干扰，透光性好，树体立体结果产量高。树体结构简单，整形修剪技术比较容易掌握。

缺点 中心干不易培养，主枝控制不及时易影响通风透光，夏季修剪不及时上部主枝易旺长，形成“大头”树冠，严重影响下部树体生长。

(3) V形

树体结构 树体结构由主干、两个主枝、侧枝、枝组组成。主干高40～50厘米，两个主枝相对伸向两边的行间，两个主枝间的夹角为40°～50°，每个主枝上着生2～3个侧枝。第一侧枝距主干35厘米左右，第二侧枝距第一侧枝40厘米，方位与第一侧枝相对，第三侧枝与第一侧枝方向相同，距第二侧枝60厘米左右。侧枝与主枝的夹角保持在60°左右，在主侧枝上配置结果枝组。

优点 适宜中密度栽培，树体结构简单，整形修剪技术易学，树体培养易掌握。树体通风透光条件好，树冠不易郁蔽，果实见光度好，便于生产优质果。

缺点 树体培养时间需3年时间，进入盛果期较迟，不易实现极早丰产。主枝开张角度不易掌握，角度小树体易旺长，角度过大背上易发徒长枝。

53. 桃树整形修剪技术要点有哪些？

桃树整形修剪应遵循以下原则：因树修剪，随枝作形；主从分明，树势均衡；四季修剪，重在生长期；密植不密枝，密株不密行，枝枝见光。

(1) 生长季节的管理 指桃树萌芽后落叶前的树体管理。此时期修剪要依树势、品种、肥水管理而确定，应调整枝叶量以及分布，改善光照促进形成花芽和提高果实着色度；避免无用枝、徒长枝、过密枝的存在，减轻冬季管理的难度。具体技术措施如下：

抹芽 在桃树萌芽后抹除双生、三生芽、剪锯口过多的萌芽、背上无花处的萌芽、两侧过多的叶芽以及方位不正的叶芽。抹芽的作用：抹除不必要的萌芽，避免与花、幼果争夺养分；抹芽造成的伤口小容易愈合；调整剪口芽的方位、角度以利整枝。

除萌 将主干基部抽生的实生萌蘖及时去除，以节约养分。

摘心 将枝条顶端的生长点连同数片幼叶一起摘除。摘心主要摘生长过旺枝、背上有果处的枝、需分生枝条的新枝，主枝附近的竞争枝以及内膛的徒长枝。摘心的作用：暂时抑制新梢生长，避免与果实争夺养分提高坐果率；抽生分枝的部位降低，避免结果部位外移；抑制竞争枝、徒长枝生长，保证主枝的健壮生长。

疏嫩枝 将抹芽不彻底留下的嫩枝去除，或者是抹芽时看着不密但长起来看着密的过多嫩枝去除。疏嫩枝的作用：可以调整枝叶分布量，改善光照；过早疏除避免冬剪疏除时养分浪费；生长季节温度高伤口容易愈合。

转枝 左手握住新梢基部，右手在前，两手相对，每隔 2～3 节将枝转一下，改变枝叶的生长方向。其作用：改变枝条生长方向抑制其生长，促进成花，不会造成死枝。

拉枝 用绳子将新梢按要求拉成一定的角度和方向。其作用是有利于整形，开张角缓和生长，改善内膛光照。

（2）冬季的管理 指桃树落叶后至萌芽前的管理，也叫休眠期管理，时间在 12 月至翌年 1 月。过早养分未回流，过晚养分分散。此时期进行修剪，由于没有叶片的存在，对树体的损伤小，对树体刺激作用不如生长季节明显，便于进行骨干枝的调整。修剪的目的主要是对明年结果枝的流量进行选留，对结果枝或结果枝组进行更新。具体技术措施如下：

缓放 对中庸枝、结果枝不修剪任其生长。其作用是：缓和生长不刺激萌发旺长；由于留芽多，萌生的枝条多分散养分；缓放果枝留下的花芽较多，并且果枝前后部花芽发育程度不一致，开花时间可以避免晚霜的危害。

回缩 对 2 年以上的枝条进行剪截。其作用是：恢复衰弱枝条长势；减缓结果部位外移；对结果枝进行更新。

疏枝 将枝条从树体上彻底去除。其作用是：疏除有害枝保证树形稳定；疏除过密枝减少夏季工作量；疏除无用枝，对留下的果枝生长有促进作用。

短截 对一年枝进行剪截。短截对生长刺激作用明显，在速丰栽培中不利成花应少用，在枝衰弱抽生不出来理想果枝时应用。其作用是：促进抽生旺枝；增加分生枝条的数量。

(3) 长枝修剪法 长枝修剪是相对传统短枝修剪而命名的，长枝修剪技术以疏、缩、放为主，基本上不采用短截，修剪后的 1 年生枝的长度一般为 40～70 厘米，故称长枝修剪技术。

长枝修剪技术是一种简化修剪技术，可节省修剪用工量；留下的花芽较多，树体结果早、丰产、稳产；萌发的旺长枝少，养分消耗少，叶幕分布合理，光照条件好，便于生产优质果；枝条容易更新，树体内膛不易光秃。长枝修剪技术要点如下：

主枝（主干）延长头的处理 幼年树的延长头带小木厥延长，成年树的延长头旺树疏除部分副梢，中庸树压缩至健壮的副梢处，弱树带小木橛延长。

枝条保留密度 骨干枝上每 15～20 厘米保留 1 个结果枝，同侧枝条的间距在 40 厘米以上，每亩留枝量 6 000～7 000 条。

保留 1 年生枝条的长度 保留枝条的长度 40～70 厘米较为合适。短于 40 厘米枝条更新能力弱，难以满足生产上的要求，70 厘米以上的枝条虽然自我更新能力强，但生长过旺影响树体通风透光以及结果能力的平衡。

保留枝条在骨干枝上着生的角度 对树势直立的品种，主要保留斜上或水平枝，树体上部可适当保留一些背下枝；对树势开张的品种，主要保留斜向上枝，树体上部可适当保留些水平枝，树体下部可适当选留些背上枝；对幼年树，尤其是树势直立的幼年树，可适当多留些水平及背下枝，这样一方面可以实现早结果，另一方面有利于开张树冠。

结果枝组（结果枝）**的更新** 枝叶和果实重量能导致1年生枝弯曲下垂，并从基部抽生健壮的更新枝，在冬季修剪时，将已结果的母枝回缩基部的直立健壮更新枝处。如果结果枝组基部附近的骨干枝上萌发了长果枝，就成为适合的更新枝。

54. 桃花果管理技术要点有哪些？

(1) 提高坐果率的技术 ①加强桃园的综合管理，提高树体营养水平，保证树体正常生长发育，增加树体储存营养；加强桃园的病虫害防治水平，保护好叶片，避免造成早期落叶；加强夏季修剪，做到冬夏修剪相结合，改善树体的通风透光条件；多施有机肥，改善土壤理化性状，保证树体营养充分为花芽分化打下基础。②进行合理的疏花疏果，控制好树体的负载量，合理的解决好果实与枝叶生长、结果与花芽分化的关系。③创造良好的授粉条件，通过配置花期相遇的授粉树，并进行人工辅助授粉和花期放蜂，提高坐果率。④花期喷布微量元素，在桃树盛花期叶面喷施0.3%硼砂、0.2%磷酸二氢钾以及其他多元素微肥。⑤花期喷激素，在桃树初花期和盛花期各喷一次1%爱多收水剂6 000倍液，或其他植物生长调节剂。

(2) 疏花疏果技术 为保证连年丰产、稳产、优质和树体健壮的目标，在生产中必须合理地进行疏花疏果，掌控好时间和方法。①疏花疏果时间：疏花疏果的原则是越早越好，一般是疏晚开的花、弱枝上的花、长果枝上的花和朝上花；在容易出现倒春寒、大风、干热风的地区，就要等到坐稳果后再疏。最后进行定果，在硬核期结束后进行定果，过早有生理落果现象，不好掌握留果量。②疏果方法：在落花后15天，果实黄豆大小时开始。此时主要疏除畸形幼果，如双柱头果、蚜虫危害果、无叶片果枝上的果，以及长中果枝上的并生果（一个节位上有两个果）；第二次疏果在果实硬核期进行，疏除畸形果、病虫果、朝上果和树冠内膛弱枝上的小果。③适量定果：可依产量定果法、果枝定果法、按果实间距离定果或叶果比法进行定果。

(3) 果实套袋技术 果实套袋的作用：一是防病虫害和鸟类危害；二是减轻果实着色度，提高外观质量；三是促使果实成熟度均匀；四是缓解或减轻裂果现象。

套袋在定果后立即进行，在郑州地区一般在5月中下旬进行，此时蛀果害虫尚未产卵。套袋前先对全园进行一次病虫害防治，杀死果实上的虫卵和病菌。红色品种选用浅颜色的单层袋；对着色很深的品种，可以套用深色的双层袋。

桃的果柄很短，套袋时应将袋口捏在果枝上用铅丝或铁丝一同扎紧，注意不要将叶片绷进果袋中，一定要绑牢，刮风时会使纸袋打转，引起落果和果实磨损。果实套袋后要加强肥水管理，除秋施基肥时每亩施过磷酸钙50千克，另外还要进行叶面喷钙。在套袋后至果实采收前，一般每隔10～15天喷一次0.3%硝酸钙溶液。

由于品种、气候和立地条件不同，因而去袋的时间也不相同。一般浅色袋不用去袋，采收时将果与袋一起采下，雨水多、容易裂果和有雹灾的地区，可以采用此法。双层袋去袋时，一般品种在采收前7～10天进行，红色品种在采收前3～4天进行。最好在阴天、多云天气、晴天的下午光不强时去袋，使光逐步过渡。

(4) 促进果实着色技术 影响果实着色的外界条件，主要是光照、温度和水分。光照充足，温度适中有一定的温差，水分分配合理，果实着色就会红亮。为保证果实着色效果，在生产中应做好以下几点：合理修剪；拉枝与吊枝；摘除果实周围叶片；地面铺设反光膜；秋季多施有机肥、生长季少施氮肥、叶面喷施钾肥；控制土壤水分。

55. 桃树周年生产管理要点有哪些？

1月 整形修剪，清园以便清除越冬杂草，消灭蚜虫、红蜘蛛等病虫场所，刮病皮集中销毁，喷石硫合剂。

2月 2月中旬前整形修剪务必结束，喷石硫合剂。

3月 追施氮肥如尿素，施肥后灌大水，要求将土壤50厘米深灌透；喷4～5波美度石硫合剂，要求打药周到。

4月 主要是防治蚜虫、螨类、卷叶蛾等，要求打药细致周到；对于开花前土壤干燥的桃园要灌水，但水不宜大；花量大、坐果率高的品种要求进行疏花，主要是疏除复花芽中的一个，每节上只保留一个花芽。

5月 防治蚜虫、螨类、卷叶蛾、桑白蚧等，在果实看出大小果时进行疏果，疏去对生果、畸形果、小果，留大果；早熟品种追施氮、磷、钾三元复合肥，中晚熟品种追施氮肥如尿素，施肥后要灌浅水，待土壤不黏后进行松土；按品种的果实大小及结果枝上新梢量以及生长量进行定果，新梢数目多，生长量大的多留果，反之少留果；疏除过密的新梢及剪锯口处的萌蘖，对背上旺梢进行摘心。

6月 定果、夏剪（同5月下旬）；防治食心虫，早熟品种不打药，中晚熟品种追施氮磷钾三元复合肥；利用二次枝快速进行整形，调整主侧枝角度，剪梢控制旺长，疏除过密新梢；早熟品种采收果实。

7月 对中晚熟品种进行打药防治食心虫、螨类、卷叶蛾、潜叶蛾；利用二次枝进行快速整形，调整主侧枝角度，疏除过密新梢；晚熟品种追施三元复合肥，灌水松土除草。

8月 防治潜叶蛾；剪梢控长，疏除过密新梢，对角度不合适的主侧枝进行拉枝；中晚熟品种采收。

9月 施基肥，以有机肥为主，施肥后立即灌水。

10月 9月未施基肥的，10月必须施基肥（同9月）；树干、主枝、大枝进行涂白，防止日灼和冻害。

11月 清除园内杂草、枯枝、落叶、烂果等；涂白（同10月）。

12月 冬季修剪，清园（同11月），浇好封冻水。

（续）

品种	主要特点
京亚	早熟品种，欧美杂交种。果穗大小较整齐，果粒着生紧密或中等紧密。果粒椭圆形，紫黑色或蓝黑色，果肉硬度中等或较软汁多，味酸甜，有草莓香味，果肉与种子易分离。该品种抗寒性、抗旱性和抗涝性均强
无核白鸡心	中熟品种，果穗大小较整齐，果粒着生紧密，果粒略呈鸡心形，绿黄色或浅金黄色，果肉硬脆、汁较多、味甜、略有玫瑰香味，无籽
巨峰	欧美杂交种，中熟品种。果粒椭圆形，红紫色，果粉厚，果皮较厚、韧、稍有涩味。果肉软，有肉囊，汁多，绿黄色，味酸甜适口，种子与果肉易分离。适应性、抗逆性和抗病性均较强
阳光玫瑰	果穗大，为圆锥形，穗形紧凑美观，果粒着生中等紧密，果粒长椭圆形，黄绿，果粉少，成熟期一致，不裂果，不落粒。风味佳、肉硬皮薄，果肉可溶性固形物含量为18%～20%，具有浓郁的玫瑰香味
红地球	晚熟品种，欧亚种。果穗圆锥形，果粒近圆形或卵圆形，果粒整齐，果皮中等厚、韧，果皮与果肉紧连。果肉硬脆，汁多。植株生长势较强，隐芽萌发力、结实力均较强。抗病性弱，易发多种病害

59. 葡萄育苗技术有哪些？

葡萄育苗主要采用扦插和嫁接两种繁育方式。

（1）葡萄扦插育苗

种条的采集贮藏　结合冬剪，从品种纯正、健壮无病虫害的丰产植株上剪取枝质充实、芽眼饱满、粗度在0.7厘米以上、长60～80厘米的枝条作种条。采取室外挖沟法贮藏，种条50或

100 根为一捆，立放于底部铺有 10 厘米湿沙的贮藏沟内，埋土防寒。

种条处理 根据当年的气候情况，在 3 月中下旬取出贮藏种条，按 10～15 厘米（2～4 个芽）的长度剪截，芽上留 1～2 厘米平剪，下部斜剪成马耳形。每 50 根一捆，放入清水中浸泡 12～24 小时，以使枝条充分吸取水分。然后将葡萄种条基部向下摆放在容器中，倒入兑好的 ABT 生根粉溶液，深度以浸泡葡萄种条基部 3 厘米左右为宜。

扦插 露地扦插育苗应在地温稳定在 10 ℃以上时开始扦插。选择土壤疏松、透气良好、土壤肥力适中的地块进行覆膜扦插。扦插深度以将顶芽露出地膜为宜，插完后要立即浇透水。

插后管理 在萌芽前一般不再浇水，以免降低地温，不利于生根。当新梢抽出 5～10 厘米时，选留一个粗壮枝，其余发出的新梢抹去。苗木生长期应加强施肥、浇水、中耕、除草，一般追肥 2～3 次，前期以氮为主，后期以磷、钾肥为主，尽量使苗木生长的充实，还应注意病虫害发生。当苗木长到 50 厘米左右应摘心，要立杆引绑新梢，副梢留 1 片叶摘心。8 月中下旬，对苗木的新梢进行摘心，促进苗木提早成熟。

(2) 葡萄嫁接育苗 嫁接育苗有绿枝嫁接育苗和硬枝嫁接育苗两种。

绿枝嫁接育苗 绿枝嫁接育苗是在春夏生长季节（5～6 月）用优良品种半木质化枝条作接穗，采用劈接繁殖苗木的一种方法，此法操作简单、取材容易、节省接穗、成活率高。

硬枝嫁接育苗 利用冬季休眠的抗性砧木枝条和优良品种的枝条，春季在室内利用劈接或者舌接方法进行繁殖育苗。春季 4～5 月气温上升到 5～6 ℃时，可在室内采用硬枝劈接或舌接的方法进行嫁接。接后砧木基部蘸生根药剂，在电热线或电热毯上加温（25～28 ℃）催根，室温要低于5 ℃，抑制接穗提前发芽。使砧木与接穗的接口愈合，砧木生根，以提高成苗率。

60. 如何建立葡萄标准园？

(1) 园地选择　选择气候适宜、交通便利、通风排水良好、土地肥沃的地块建园。北方地区要避免在低洼地建园，洼地在早春容易淤积冷空气发生晚霜危害。葡萄园附近要有可灌溉的水源和输水渠道。

(2) 架形选择与种植密度　葡萄架型和密度的选择一般根据品种特性，当地气候特点和栽培习惯来确定。一般北方地区多用棚架，便于冬季埋土防寒，南方多采用篱架栽培模式。一般篱架栽培的行株距（2.5～3）米×(1.5～2）米，棚架栽培为（4～6）米×(0.5～1）米，大棚架以（7～12）米×(0.5～1）米。

(3) 苗木选择　新建园区应选用长势旺盛的5BB、贝达等抗性砧木的嫁接苗或者根系发达的扦插苗栽培。定植前要对品种进行核对，记录挂牌，防止品种混乱。苗木经过假植或外运后会有失水现象，应于栽前在水中浸泡12～24小时，使苗木吸足水分之后栽植。同时在苗木定植前对根系进行修剪、消毒，有利于提高定植成活率。

(4) 栽植时期　葡萄苗在秋季落叶后到第二年春季萌芽前均可栽植。地域不同，栽种的时期不同。北方地区一般春季栽种，南方区域既可以春天栽种也可以秋冬季栽种。

(5) 栽植方法　传统栽植方法，沿定植沟、按定植点挖穴栽植，或者按行挖沟，把葡萄按照株距栽植在定植沟中。栽苗时应使根系向四周伸展，栽后向上提苗。若采用嫁接苗，嫁接苗接口应外露在地面10厘米以上处，及时滴灌透水。

(6) 定植后苗期培养　定植后，苗木要选定主干并绑缚、及时抹芽。当苗木高1米左右，要进行主梢摘心和副梢处理，距离地面30厘米以下的副梢全部抹去，其上的副梢可以留1～2片叶反复摘心。主梢长度达1.5米时再次摘心，通过多次反复摘心，可以促进苗木加粗、枝条木质化和花芽分化。冬季修剪时在充分成熟且直径在1厘米以上的部位进行剪截。副梢粗度在0.5厘米时，可留2芽左右进行短截，作为第二年的结果母枝来培养。

61. 葡萄园土壤管理方法有哪些?

土壤是葡萄根系生存的环境，对土壤实行科学的管理，提高土壤保水保肥能力，改善土壤的结构，促进根系的生长发育，从而为葡萄的生长提供良好的养分条件。平地的土壤表层管理方法有果园清耕法、果园覆盖法、免耕法和生草法等。

(1) 清耕法 清耕指葡萄园内不种作物，一般在生长季进行多次中耕，秋季深耕，保持土表疏松无杂草，同时可加大耕层厚度。在少雨地区，春季清耕，会有利于地温回升，秋季清耕有利于晚熟葡萄利用地面散射光和辐射热，提高果实糖度和品质。但如果长期采用清耕法，在有机肥施入量不足的情况下，土壤中的有机质会迅速减少；清耕法还会使土壤结构遭到破坏，在雨量较多的地区或降水较为集中的季节，容易造成土壤水土流失。

(2) 覆盖法 对葡萄根圈土壤进行表面覆盖（铺地膜、地布或者覆草），可防止土壤水分蒸发，减小土壤温度的变化，有利于保持土壤水分和增加土壤有机质。

(3) 间作法 果园间作一般在距葡萄定植沟埂30厘米外进行，以免影响葡萄的正常发育生长。间作物以矮秆、生长期短的作物为主，如花生、豆类、中草药、葱蒜类等。

(4) 免耕法 主要利用除草剂除草，对土壤一般不进行耕作。这种土壤管理方法具有保持土壤自然结构、节省劳力、降低生产成本等优点。

(5) 生草法 在年降水量较多或有灌水条件的地区，可以采用果园生草法。草种用多年生牧草和禾本科植物，如毛叶苕子、三叶草、鸭茅草、黑麦草、百脉根、苜蓿等。

62. 如何对葡萄园进行肥水管理？

葡萄树是需水量较多的果树，叶面积大，蒸发蒸腾量也大。因此为了使葡萄树丰产、优质，必须保证水分供应，雨季要注意排水。要保证几个关键时期的需水量，具体时期有：萌芽前的催芽水，开花前一周左右的花前水，新梢旺盛生长与幼果膨大期、浆果迅速膨大期、采收后灌水和防寒水。每次施肥后，要进行灌水。同时，在葡萄浆果着色期到成熟前应严格控水，如果降雨要注意排水。葡萄按不同生长时期的施肥方法可分为基肥和追肥。基肥量与追肥量的比例约为 8∶2 或者 9∶1。

（1）基肥　在秋季葡萄落叶前施入土壤。施用基肥以有机肥为主，可施用适量的化肥。施用量可按照结果量来计算，一般每结果 100 千克，基肥用量（圈肥）150～200 千克。

（2）追肥　在葡萄的生长季施用，追肥基本原则为前期高氮后期高钾。通常丰产园追肥 3～5 次。葡萄植株萌芽后，首先要及时施用氮肥，其次是磷、钾肥。从萌芽到开花前，施肥量占年总用量 14%～16%。从果实开始膨大到开始转色前，此时是养分最大吸收期，施用的氮、磷、钾、钙、镁肥分别占年总用量的 40%～50%。从开花到坐果到果实膨大，也是吸收微量元素最多的时间，此时主要通过叶面喷施对微量元素铁（Fe）、锰（Mn）、铜（Cu）、锌（Zn）、硼（B）等进行有效的补充。果实开始转色后到葡萄采摘前，基本停止氮、磷肥的施用，应补充钾、钙、镁元素以提高着色率，增加果实含糖量，提高果实品质。

63. 葡萄主要病害有哪些？怎样防治？

葡萄主要病害及其防治见表 10。

表10　葡萄主要病害及其防治

主要病害	症　状	防治措施
葡萄黑痘病	主要叶片和嫩梢受害，初呈针眼大小的圆形褐色斑点，扩大后中央呈灰褐色，边缘色深，病斑直径1～4毫米。随着叶的生长，病斑常形成穿孔。新梢、卷须、叶柄受害，病斑呈暗褐色、圆形或不规则形凹陷，后期病斑中央稍淡，边缘深褐，病部常龟裂。幼果受害，病斑中央凹陷，呈灰白色，边缘褐至深褐色，形似鸟眼状，后期病斑硬化、龟裂、果小而味酸不能食用	①选择抗病品种，少施氮肥，适量灌水，防止植株徒长，雨后及时排水，合理修剪通风透光，及时剪除病果、病梢、病叶，减少菌源；②春天芽萌动后展叶前喷3～5波美度石硫合剂，展叶后每隔半个月喷1次1∶0.5∶200倍波尔多液或80%必备（波尔多可湿性粉剂）300～400倍液，花前花后两次喷药一定要喷均匀
葡萄白腐病	主要危害葡萄果穗、叶片和新梢，严重时叶柄也感染此病。发病初期，在小果梗或穗轴上发生浅褐色、水渍状、不规则病斑，逐渐蔓延至整个果粒。果粒基部变褐软腐，随后全粒变褐腐烂，果面密生灰白色小粒点，发病严重时常全穗腐烂，果梗穗轴干枯缢缩，病果病穗极易脱落。有时病果失水干缩成有棱角的僵果，悬挂在树上。叶片发病多从叶尖、叶缘开始，呈现水渍状褐色斑点，逐渐向里蔓延，病斑上出现不太明显的轮纹	①合理施肥，多施有机肥，增强树势，提高树体抗病力；②提高结果部位，50厘米以下不留果穗，减少病菌侵染的机会；③合理确定负载量，新梢间距离不得小于10厘米，通风透光良好；④及时摘心、绑蔓和中耕除草，注意果园排水，降低田间湿度；葡萄生长季节勤检查，及时剪除病果病蔓；冬季修剪后，把病残体和枯枝落叶深埋或烧毁，以减少翌年的侵染源
葡萄霜霉病	叶片受害，叶面最初呈现油渍状小斑点，扩大后为黄褐色、多角形病斑。环境潮湿时，病斑背面产生一层白色霉状物，即病原菌的孢囊梗及孢子囊；嫩梢、花梗、叶柄发病后，油渍状病斑很快变成黄褐色凹陷状，潮湿时病部也产生稀少的白色霉层；病梢停止生长、扭曲，甚至枯死。幼果感病，最初果面变灰绿色，上面布满白色霉层，后期病果呈褐色并干枯	①加强果园管理，及时摘心、绑蔓和中耕除草，冬季修剪后彻底清除病残体；②在发病前，每半个月喷1次1∶1∶160～200倍波尔多液或80%必备（波尔多可湿性粉剂）300～400倍液，连喷4～5次；或在病斑出现以前，用68.75%易保水分散粒剂（保护剂）800～1200倍液喷雾

（续）

主要病害	症　状	防治措施
葡萄炭疽病	果实初发病时，果面上发生水渍状淡褐色斑点或雪花状病斑。以后逐渐扩大呈圆形、深褐色稍凹陷的病斑，其上产生许多黑色小粒点，并排列成同心轮纹状，在潮湿的情况下，小粒点涌出粉红色黏稠状物，即为病原菌的分生孢子团。该病侵染新梢、叶片时，一般不表现症状，认为该病具有潜伏侵染的特性	①加强田园管理，使通风透光良好，冬季修剪后将病残体集中深埋或烧毁；②春天芽萌动后、展叶前往结果母枝上喷3波美度石硫合剂或80%必备（波尔多液可湿性粉剂）300～400倍液；发病前或发病初期，用78%科博可湿性粉剂500～600倍液喷雾，每隔7～10天喷1次，共喷4～5次；生长季可用50%多菌灵可湿性粉剂600～700倍液或50%苯菌灵可湿性粉剂1 500～1 600倍液，重点喷结果母枝
葡萄白粉病	叶片受害后在叶片上部产生一层白色至灰白色的粉质霉层，即病原菌的菌丝、分生孢子梗及分生孢子。当粉斑蔓延到整个叶面时，叶面变褐、焦枯。新梢受害，表皮出现很多褐色网状花纹，有时枝蔓不易成熟。果梗、穗轴受害，质地变脆，极易折断。果实受害，停止生长，有时变畸形。在多雨时感病，病果易纵向开裂、果肉外露，极易腐烂	①加强管理和清洁田园；②展叶前喷铲除剂；生长期可喷0.2～0.3波美度石硫合剂，或25%粉锈宁可湿性粉剂1 000倍液，或12.5%速保利（特谱唑）可湿性粉剂3 000倍液，或5%安福1 500倍液，均可控制该病发生
葡萄灰霉病	葡萄灰霉病主要危害花序、穗梗及果实，也危害叶片。病初花序似热水烫状，后变暗褐色，病部组织软腐，表面密生灰霉，即分生孢子，稍加触动，孢子呈烟雾状飞散，被害花序萎蔫，幼果极易脱落。果实近成熟期和贮藏期发病，先产生淡褐色凹陷病斑，很快扩展全果，使果实腐烂。果梗感病后，变成黑褐色，有时病斑上产生黑色块状的菌核。严重时新梢、叶片也能感病，产生不规则的褐色病斑，叶上病斑有时出现不规则的轮纹。在空气潮湿条件下，病斑上产生灰色霉层，即分生孢子梗和分生孢子	①加强果园管理，露地栽培和保护地栽培都要注意土壤排水，合理灌水，降低湿度，少施氮肥，防止徒长，控制病菌扩散再侵染；②药剂防治，应以花前为主，在花前7天喷1次药，临近开花时再喷1次药，花期停止喷药，花后立刻喷药，以后每10天左右喷1次药，即可控制发病。主要用50%速克灵500～3 000倍液，40%嘧霉胺或50%甲基硫菌灵500～600倍液，或50%灰霜特可强壮性粉剂800倍液；③消灭病原，在秋季落叶和冬剪时，彻底清扫枯枝病叶，集中烧毁

64. 葡萄主要虫害有哪些？怎样防治？

葡萄主要虫害及其防治见表11。

表11 葡萄主要虫害及其防治

主要虫害	危害特点	防治措施
根瘤蚜	葡萄根瘤蚜主要危害葡萄根部，也可危害葡萄叶片。侧根和大根被害后，形成关节形的肿瘤，虫子多在肿瘤缝隙处。叶片被害后，在背面形成虫根瘤蚜危害根系，造成根系的腐烂和死亡	严格检疫措施，包括田间检疫、苗木和种条的检疫；苗木调运前和栽种前，要进行消毒处理；疫区应栽种抗虫砧木嫁接苗，结合药剂防治等综合措施；在疫区采取综合性措施。全部种植用抗性砧木的嫁接苗木，根据发生规律使用药剂防治地上部害虫（有翅蚜、性蚜、虫瘿等）和防治地下部根瘤蚜
绿盲蝽	以成虫和若虫刺吸嫩芽、幼叶和花序。幼叶受害，被害处形成红褐色、针头大小的坏死斑点。随着叶片的伸展长大，以小点为中心，拉成圆形或不规则的孔洞。花蕾、花梗受害后则干枯脱落	①建园应远离苹果园、桃树园和棉花地，减少该虫越冬场所，经常清除园内外杂草，消灭虫源；②葡萄展叶后，如发现若虫危害，要立即喷药防治，可选喷以下药剂：10%吡虫啉3 000倍液，4.5%高效氯氰菊酯2 000倍液，48%乐斯本2 000倍液
短须螨	葡萄短须螨仅危害葡萄。叶片受害后，由绿色变成淡黄色，然后变红，最后焦枯脱落。被危害的叶柄、穗轴和新梢，表面变为黑褐色，质地变脆，极易折断。果实受害后，含糖量降低，含酸量增高，影响着色，果实品质变差，商品价值降低	冬季彻底清园，刮剥枝蔓老皮，以消灭越冬螨源。来年春季临近萌芽前，对全树喷布3～5波美度石硫合剂，同时加入0.3%的洗衣粉浸润剂，提高防治效果

65. 葡萄的修剪方法有哪些？

幼龄树阶段的修剪主要围绕培养主蔓、扩展树冠、兼顾侧蔓结果来进行。树体形成后主要围绕培养结果枝组来进行修剪。

(1) 短截修剪 对所有结果枝和营养枝进行剪截，剪截长度根据品种和栽培环境选择。埋土区往往因剪留过长影响埋土，所以多以 1～3 芽的短梢修剪为主。

(2) 疏枝 疏除过密枝条，夏季修剪时留枝量过多，冬季修剪时枝条密度大，需要适当疏除，为下一年抹芽定枝工作减轻压力。一般 V 形架相邻新梢距离应控制在 15～20 厘米。另外，枯桩、不成熟枝条、无用枝也需在冬剪时疏除。

(3) 回缩、更新 保证树体健康，无光秃带，主蔓处于年轻状态，更新修剪非常必要。其中更新修剪包括两种：①单枝更新：上一年短梢修剪的结果母枝萌发后，根据架面空间选留 1～2 个新梢，如留 2 个新梢，冬剪时将远离主蔓端的疏除，近主蔓端的 1 枝仍留 2～3 芽进行短梢修剪，即冬剪时每个结果部位始终保持一个结果母枝；②双枝更新：上一年短梢修剪的结果母枝萌发后，选留 2 个新梢，冬剪时 2 个枝条全部保留，并进行短梢修剪，靠基部的枝条留 2～3 芽，以保证能够发出 2 个健壮新梢，远端的枝条可根据品种成花节位高低也可适当长些，以利于结果；下一年将萌发多个新梢，靠主蔓端的留 2 个枝条短截，每年反复进行。冬剪时每个结果部位始终保持 2 个枝条。

66. 如何对葡萄进行新梢和花果管理？

(1) 摘心（剪梢）**、绑蔓** 一般情况下，自开花前一周至始花期均可进行，但以见花前 2～4 天为最佳摘心时间。在摘心适期，摘除小于正常叶片 1/3 大小的幼叶或嫩梢。摘心后及时绑梢。

(2) 定梢距 合理定梢能够控制产量，使叶幕合理分布，减轻因叶片郁闭造成的病害。定梢根据不同品种叶片的大小及生长势来决定定梢距离，对于超大及大叶片，梢间距控制在 18～20 厘米；对于中等叶片，梢间距控制在 16～18 厘米，对于小叶片，梢间距控制在14～16厘米。红地球、美人指等易发生日灼的品种，6叶剪梢后，按照16厘米定梢，以减轻日灼发生。

(3) 抹除副梢 葡萄摘心后，由于营养回缩，副梢开始生长很快，一般对结果枝花序以下的副梢全抹去，花序以上的副梢及营养枝副梢可留1片叶摘心，延长副梢（新梢顶端1～2节的副梢）可留3～4或7～10片叶摘心（视棚架大小长短而定）。

(4) 疏花序 为了控制产量提高果实品质，应适当疏花序。双花序果枝一般疏除上部花序，下部花序弱于上部花序时，也可疏除下部花序保留上部花序。细弱枝条及时疏除花序。

(5) 拉长花序 一些品种由于果穗伸长较短、坐果多等原因造成果穗紧密，如夏黑无核、早夏无核、无核早红、月光无核等品种，为了降低疏果工作量，可拉长果穗，以减轻疏果用工。

67. 葡萄休眠期如何进行管理?

葡萄从秋季或初冬落叶后至第二年树液开始流动为止称为休眠期。主要管理工作如下：

(1) 施基肥 一般每亩施腐熟的农家肥2 000～3 000千克、饼肥100～150千克，加过磷酸钙100千克混合后施入，施后覆土。对缺硼的果园可随基肥一起每亩施入0.5～1.0千克硼砂。

(2) 冬季整形修剪 合理进行冬季修剪，使树冠内枝条配植合理，防止结果母枝外移。具体应根据葡萄树长势情况而定，坚持粗壮枝多留，中庸偏弱枝少留，过密、细弱疏除的原则进行。

(3) 清园 结合冬季修剪，刮老树皮，对越冬病原和虫进行铲除，减少病菌、降低害虫基数，为第二年的病虫害防治打下基础，减轻压力。

(4) 防寒 通过灌封冻水、埋土、追施磷钾肥等方式御寒。

(5) 埋土 北方寒冷地区将修剪后的植株枝蔓绑缚在一起，缓缓压入地面，然后用细土覆盖。一般品种在冬季低温为

－15 ℃时覆土20厘米左右，温度越低，覆土越厚。

68. 葡萄萌芽期至新梢生长期如何进行管理?

在日平均温度10 ℃以上时，葡萄芽眼开始膨大和生长。主要管理工作如下：

(1) 上架　整理架材和钢丝，棚架可早上架，并补充修剪。

(2) 病虫害防治　萌芽后展叶前，及时喷药防治黑痘病、毛毡病、白腐病、红蜘蛛、介壳虫和蓟马等，可用多菌灵＋福美双＋吡唑醚菌酯处理土壤和茎蔓。展叶后每隔半个月喷施一次波尔多液，以预防真菌病害的发生。

(3) 抹芽　葡萄展叶3～4片，可见花穗时即可进行抹芽。抹芽的原则是要去弱留壮，抹去密、挤、瘦、弱和生长部位不宜及萌发晚的芽。对于双芽或3芽，应抹去其中的1～2个。抹芽宜早不宜迟，隔3～5天1次，一般2～3次。

(4) 枝蔓绑缚　继续抹除过密的萌芽，除卷须，新梢长至40厘米左右开始引缚。

(5) 追肥　进行两次追肥，保证树体营养。冲施中氮高磷水溶肥，叶面喷施磷钾肥，适当补充钙肥、硼肥。

69. 葡萄开花期如何进行管理?

(1) 去副梢　继续新梢引缚，在花期前3～5天对新梢留8～10片叶摘心，同时抹除花穗以下的副梢，其他副梢可留1～2叶反复摘心，同时去除卷须，以提高坐果率、节约养分。

(2) 适期追肥　在初花期、盛花期各喷施一次磷钾肥＋0.2%～0.3%硼酸或硼砂溶液，以促进花粉管伸长、提高坐果率。

(3) 水分管理　花期不能浇大水，但也不能缺墒。严防霜冻，遇霜喷水。

（4）无核处理 在葡萄开花期，为促进葡萄无核、提高坐果率和果实膨大，可适当使用植物生长调节剂。目前一般使用的药剂是吡效隆和赤霉素。吡效隆建议使用的浓度为2～5毫克/升，赤霉素建议使用的浓度为20～25毫克/升。

（5）病虫害防治 花序分离期和葡萄开花前2～4天，防治灰霉病、黑痘病、炭疽病、霜霉病、穗轴褐枯病、透翅蛾、金龟子等。可选用50%甲基硫菌灵＋23.5%异菌脲＋80%烯酰吗啉＋25%苯醚甲环唑＋2.5%甲维盐＋硼肥。

70. 果实生长期如何进行管理？

（1）反复摘心 对副梢留一片叶反复摘心，以增加叶面积促进果实的生长。

（2）修剪果穗 合理疏果控制产量。

（3）套袋 及时套袋，防虫防病，同时注意日烧与气灼。

（4）肥水管理 坐果后和二次膨大期，及时追肥，均衡营养，注重氮肥、钾肥、钙肥的施入，叶片喷施磷钾肥，促进膨果。在葡萄成熟期间每隔7～10天叶面喷施一次磷钾肥，以增加果实含糖量，提高甜度，促进着色。

（5）病虫害防治 套袋前药剂处理果穗，可用吡唑醚菌酯＋苯醚甲环唑＋咯菌腈＋钙＋杀虫剂。套袋后要密切观察袋内病虫害发生情况，严重时可以解袋喷药。进入雨季严防病害发生，多次雨后及时喷波尔多液，病害一旦发生及时防治，要格外注意白腐病、炭疽病的发生。

71. 果实采收后如何进行管理？

（1）保叶控梢 果实采收后应尽量减少打老叶，连喷2次磷酸钾，并通过摘心、抹除副梢等措施控制其生长，以减少养分的无效消耗。

（2）追肥与灌水　采果后，结合施基肥进行适度深翻，有利于园内土壤疏松透气，促进根系的生长，基肥用农家肥 3 000～5 000千克或生物有机肥 200 千克＋磷酸二铵 40 千克。采果后，土壤缺墒，及时浇水。

（3）病虫害防治　采果后，每 15～20 天喷一次波尔多液，有虫害的，加入杀虫剂；有霜霉病出现，喷瑞毒霉 800～1 000 倍液或可杀得 800～1 000 倍液进行防治。阴雨天多，有黑痘病感染秋梢时，喷一次 40％退菌特 800 倍液进行防治。

72. 如何预防葡萄冻害的发生？

（1）做好低温天气的预警　一般情况，最低气温降至 5 ℃以下，或者地面最低温度降至 0 ℃以下，都可能发生春季冻害，就需要及时做好必要的预防措施。

（2）熏烟防冻　冻害往往发生在无风天气，采用在果园熏烟效果较好，熏烟时间在凌晨 5～8 点进行，每亩 5 个以上熏烟点均匀分布。

（3）灌水防冻　在霜冻来临之前 1～2 天全园灌水，增加空气温度，并提高底层空气的温度，使温度缓慢下降，从而达到防冻的效果。

（4）喷淋防冻　应用喷淋法，当霜冻来临时，通过对葡萄枝叶持续喷水，能够提高环境温度，有效防御葡萄霜冻的发生。

（5）喷肥防冻　增加叶面施肥次数，提高细胞液浓度，降低冰点。

（6）覆盖防冻　在天气预报寒流入侵或者有霜冻产生的天气现象，采用高密度遮阳网、草席覆盖效果也很好。

（7）延迟萌芽　适当延期撤除防寒土，并在葡萄萌芽前进行全园灌水，可以降低地温以达到延迟发芽的目的。葡萄发芽后至开花前，灌水或喷水1～2次，可降低果园地温，推迟花期2～3天。

(8) 及时采摘 易发生早霜冻害的品种多是晚熟品种，如圣诞玫瑰、魏克等，及时采摘利于树体较早进入休眠期。

73. 葡萄发生冻害后如何进行管理？

(1) 及时救灾，保护植株 受灾后及时采取措施，尽早清理植株上的积雪以防冰冻，视土壤墒情浇灌、根颈部培土、地面覆盖、枝干保暖，以防葡萄植株再次受冻。

(2) 科学修剪 遭受冻害的枝条不要急于修剪，等到春季萌芽后，根据冻害发生的轻重程度选留新芽，尽量使新梢布满架面，严格控制产量。萌芽较少的植株剪除果穗，以恢复树势为主。当葡萄冻死的根量达50%以上时，地上部一般很难恢复，应当在根颈处平茬，让其再萌发新蔓。

(3) 芽前灌水 对于发芽迟，发芽不整齐的植株，结合施肥及时灌水，保持土壤湿润，保证葡萄树体内部的含水量，每次灌水要灌足灌透，水分浸透到主要根系分布层。灌水后可在根部覆盖地膜，行间中耕除草，提高地温，促发新根、新芽生长。

(4) 加强肥水 发生冻害后的葡萄苗待新芽长到8片叶左右时，视墒情及时灌水并追施氮、磷、钾、钙等平衡型优质肥料。等到新梢叶片长至成熟叶2/3大小时可叶面喷肥，以提高细胞活性，增强树势。

(5) 病虫害防治 葡萄受冻后，直接导致树体衰弱，容易诱发各种病害，一定要注意防控病害，全园尽早喷施杀菌药剂，预防病害发生。

六、草莓

74. 我国草莓的生产现状及发展前景如何？

草莓是20世纪80年代中期以来在我国发展较快的水果之一。草莓具有植株矮小、生产周期短、结果成熟早、适应性强、收益快和经济效益好等特点，可大规模集约化生产、也可小面积庭院栽培，种植模式多样化，对农业结构具有很好的调整作用。目前，我国是草莓属植物种类分布最多的国家，草莓种植面积达200万亩左右，年产量约200万吨，产值约300亿元，自2007年以来，无论从种植面积还是产量来看，我国已经成为世界上最大的草莓生产国家。我国草莓的主要产地主要分布在河北、辽宁、山东、安徽和四川几个省份，种植面积约占全国总面积的50%。我国草莓主要以鲜食为主，占到草莓零售市场上的85%，另外一些加工产品，如果酱、果脯、果冻以及乳制品，大约占总产量的15%，出口规模较小。

虽然，我国草莓产业发展较稳定，但是随着人们生活水平的不断提高，人们对果品的品质要求也在不断提高。由于草莓的营养价值较高，所以市场的需求也在不断上升；随着新的育种技术的应用，新品种的开发，也助力着草莓产业的发展；此外，冷链物流以及网络购物平台的快速发展也为生鲜草莓在全国范围的销售提供了保证。但是，我国草莓产业的发展也存在一定的短板，我国90%以上的草莓品种均为国外品种，国内品种单一；草莓成熟期短，易受病虫害的影响，对市场影响较大；无公害及有机草莓种植面积小，高端市场发展缓慢等，均制约着草莓产业的发展。目前，我国的高校和研究机构的研究团队也在致力于国内自主草莓品种和品牌的研究和开发，相信我国草莓产业的发展具有更加广阔的前景。

75. 草莓有什么经济价值？

草莓具有适应性强，结果早、见效快、繁殖容易和成本低廉的栽培特点，是一种经济价值较高的园艺作物。草莓果实色泽鲜艳、营养丰富、柔软多汁、酸甜爽口，日益受到消费者的喜爱，并被视为“水果皇后”。主要成分有糖、维生素、矿物质、有机酸及果胶等。草莓中的糖，主要是葡萄糖、果糖、蔗糖。草莓中的抗坏血酸（维生素 C），比苹果和葡萄高十倍以上。维生素 C 是一种活性很强的还原性物质，参与人体重要的生理氧化还原过程，是体内新陈代谢不可或缺的物质，还能促进细胞间质的形成，维持骨骼、牙齿、血管、肌肉的正常功能和促进伤口愈合，增强人体的抵抗力。草莓中的矿物质和有机酸含量也很丰富，对于调整人体酸碱平衡、生长发育、促进食欲、帮助消化具有重要意义。草莓还具有宝贵的医疗保健价值。草莓中含有丰富的鞣花酸，具有较好的抗癌作用。草莓汁还具有消炎、解热、润肺和健脾等作用，并能够缓解心理压力和提高睡眠质量。

同时，草莓除了鲜食外，还可以作为食品加工业的原料制成各种加工品。如草莓酱、草莓酒、草莓汁、草莓蜜饯和罐头等，还可以作为各种饮料、糕点和糖果的添加物。

76. 我国主栽的草莓品种有哪些？

草莓各品种都具有其主要的特征特性及其利用价值，全世界草莓品种高达 2 000 多个。但是市场上常见的草莓大致可分为 3 个体系：中国草莓、日本草莓、欧美草莓。我国主栽的草莓品种见表 12。

表 12　我国主栽草莓品种

品种	来源	主要特点
红颜	日本	果实长圆锥形，种子黄而微绿，果实表面和内部色泽均呈鲜红色，着色一致，外形美观，富有光泽，畸形果少，酸甜适口，果实硬度适中，耐贮性明显优于其亲本；香味浓，口感好，品质极佳
章姬（牛奶草莓）	日本	果实整齐呈长圆锥形，果实大且健壮，淡红色，色泽鲜艳光亮，香气怡人。果肉淡红色、细嫩多汁；浓甜美味，香味浓，回味无穷；是日本主要栽种品种之一。植株长势强，株型开张，繁殖能力强。中抗炭疽病和白粉病。丰产性好，休眠期浅，成熟早
丰香	日本	其叶片肥大，椭圆形，浓绿色，叶柄上有钟形耳叶。果实圆锥形，果面有楞沟，果色鲜红艳丽，果肉粉黄色，髓心嫩红色。口味香甜，味浓，肉质细软致密，不是很硬，耐贮运度中等。属于早熟品种，宜温室和早春大棚栽植
甜查理	美国	早熟品种，含糖量高，耐贮运，休眠期浅，丰产。抗逆性强，高抗灰霉病和白粉病，对其他病害抗性也很强。果实圆锥形，大果型，畸形果少，表面深红色有光泽，果肉粉红色，香味浓，植株长势强，株型紧凑，适合各地栽培
宁玉	中国	江苏省农业科学院选育，匍匐茎抽生能力强。坐果率高，果个均匀，畸形果少，甜味香浓。早熟，连续开花坐果性强。抗炭疽病、白粉病。适应性强，耐盐碱，适合全国各地栽培
甘露	日本	极早熟品种，植株长势旺，抗病性耐低温能力强，畸形果极少。果实圆柱形，鲜红色，光泽度好，果个均匀，无果颈，甜味突出，香味明显。丰产性好，连续坐果能力强，适合采摘
白雪公主	中国	北京市农林科学院培育品种，果面纯白或粉红，最大单果重 48 克，可溶性固形物 9%，风味独特，特别适合采摘园种植

（续）

品种	来源	主要特点
久香	中国	上海市农业科学院林木果树研究所选育。该品种生长势强，株型紧凑，根系较发达。果实圆锥形，较大，畸形果少；果肉红色，无空洞；酸甜适度，香味浓，对白粉病和灰霉病的抗性均强于丰香
桃熏	日本	植株长势中等，叶片圆形，深绿，果实圆锥形，成熟果实呈淡黄橙、淡粉的桃色，果肉白色，有黄桃味，果实稍软，耐寒抗病。适合采摘园搭配种植

77. 草莓的繁殖方式有哪些？

草莓的繁殖方法有种子繁殖、匍匐茎繁殖、母株分株繁殖和组织培养繁殖 4 种。

种子繁殖 属于有性繁殖，其成苗率低，且由于异花授粉的原因，实生苗之间个体变异较大，很难保持原品种的优良性状，因此，种子繁殖只限于育种工作中采用。在生产中，主要利用匍匐茎和母株分株进行无性繁殖。

匍匐茎繁殖 是草莓生产中普遍采用的常规繁殖方法。繁殖容易，管理方便，繁殖系数高，秧苗质量高，有利于轮作，克服重茬，并且有利于减少病虫害。匍匐茎繁殖需要建立专门的繁殖圃。

母株分株繁殖 又称根茎繁殖或分墩繁殖，此方法，一是用于需要更新换地的老草莓园，将其植株全部挖出来，分株后栽植；二是用于某些不易发生匍匐茎的草莓品种。采用母株分株繁殖时，一般要在生产园果实采收后进行。分株法繁殖系数较低，容易受到土传病害的侵染，但是分株繁殖法不需要专门的繁殖田，可节约劳动力和降低成本。

组织培养　也叫离体繁殖，通常采用匍匐茎顶端的分生组织（茎尖），诱导出幼芽，然后通过腋芽的增殖迅速扩大繁殖，幼苗经驯化培育后，移植大田。也可进行花药培养。其特点是：繁殖系数高，但是需要先进的设备及完整的技术环节。

78. 草莓匍匐茎繁殖法有哪些技术环节？

匍匐茎繁殖是草莓生产中普遍采用的常规繁殖方法，每亩全年可繁殖2万株左右的优质秧苗。匍匐茎最早在果实成熟时开始发生，但大多数在采果后发生，早熟品种发生较早。

匍匐茎的发生位置　草莓每片叶的叶腋部位都着生腋芽。腋芽具有早熟性，当年形成即可萌芽，在高温长日照条件下，能形成大量的匍匐茎。匍匐茎是一种细而节间又长的地上茎，初生时向上生长，随后向下弯曲，沿地面向株丛少、日照充足的地方延伸。在匍匐茎延伸至偶数节时，该节的生长点向上生长叶片形成新茎，从新茎基部向下发生不定根，从而形成一个完整的匍匐茎苗。

匍匐茎的发生条件　每天日照在12～16个小时，气温14℃以上；但同样的长日照条件，当气温低于10℃时，也不能抽生匍匐茎。此外，匍匐茎发生的数量与母株经受5℃以下低温时间长短有关。

母株的选择　选择生长健壮，无严重病虫害的母株进行匍匐茎繁殖。母株一定要经过充分休眠后才能用作繁殖，否则抽生的匍匐茎少，母株选留后要及时进行追肥、灌水和中耕除草，以促进匍匐茎的发生。

匍匐茎发生后管理　匍匐茎发生后，应及时将匍匐茎向母株四周拉开，使排列均匀，并在第二、四节上压土，以促发不定根，早日形成大苗、壮苗。当幼苗长到3～4片叶时，已具有一定数量的须根，即可从母株上剪离作为定植苗使用。

79. 草莓壮苗的标准是什么？

草莓的产量是由花序数、开花数、等级果率、果实大小等因素决定的，它与植株的营养状态和根部的发育状态有着密切的关系，因此草莓苗质量的好坏对产量的高低起着决定性的作用。不同的种植方式对草莓苗的要求标准也不一样。

露地栽培的草莓苗标准为：具有4～5片正常叶，无病虫害，叶色正常，呈鲜绿色，叶柄粗而不徒长，苗重30克以上，根茎粗1.0～1.5厘米，株型紧凑、矮壮，根须多而壮。

促成栽培对秧苗质量要求较高。促成栽培用苗，花芽分化早，定植后成活好，每一花序都能连续现蕾开花，壮苗标准：5～6片展开叶，根茎粗1.3～1.5厘米，苗重30克以上，叶柄短而粗壮，须根多而粗，定植时应带土坨，少伤根系。

半促成栽培的健壮苗标准要求为苗子根茎粗，叶柄短而壮，叶片呈鲜绿色，且叶片大，花芽分化好，有5～6片展开叶，全株重20～30克，根茎粗1.0～1.5厘米。

80. 怎样建立专用的繁殖圃进行匍匐茎繁殖？

为了获得草莓丰产，培育优质壮苗非常重要，一般采用建立专业的繁殖圃进行匍匐茎育苗。其优点在于便于培育适龄壮苗，便于集中管理，减少病虫害的传播和节省土地等。

（1）母株的选择 进行匍匐茎繁殖的母株一般要注意两个方面：一是品种要纯正，即母株要具有符合原品种的优良性状，并能够稳定遗传；二是母株要健壮，无病虫害，茎粗在1厘米以上，有4～5片叶，根系发达。

（2）母本园的建立 母本园作为专门的草莓繁殖圃，要选择排灌方便、土壤疏松肥沃和背风向阳，并距离生产田较近的田块。在整地作垄前要施入充分腐熟的有机肥，并加入适量的草莓专用复合肥作为基肥。均匀撒在地面后进行耕翻，深度为 30 厘米左右。为保证母株有充足的营养面积和伸展匍匐茎的空间，定植行距为 1.3～1.5 米，株距 50 厘米，每亩 800～1 000 株，并及时进行松土浇水。当匍匐茎抽生 30～40 厘米后，及时压茎，促使发根成苗。每一母株只留 4～5 株匍匐茎及靠近母株的 1～2 株苗。匍匐茎移栽前 10 天应切断匍匐茎。翌年春季，应将母株发出的花序随时摘除，并补充营养。母本园一般在 3～5 年后进行轮换。

(3) 子苗出圃　子苗出圃可分为两个时期。一个是花芽分化前的 8 月上、中旬，此时子苗已长出 5～6 片复叶，生长健壮，出圃后可直接移栽在生产园。另一个出圃时间在花芽分化后，北方地区一般在 9 月下旬进行，此时出圃后也可直接移栽至生产园，也可置于低温库中冷藏，打破休眠后定植于保护地中。

81. 草莓组织培养繁殖有什么优点？

组织培养繁殖是利用植物体的器官、组织和细胞，通过无菌操作接种于人工配置的培养基上，在一定的温度和光照条件下，使之生长发育成为完整植株的繁殖方法。在草莓的组织培养中以茎尖培养应用最为广泛，其具有以下优点：

(1) 繁殖速度快　从理论上讲，一个茎尖一年内可得到几十万株苗，能够迅速更新品种，节省土地。

(2) 可繁殖脱毒苗　长期采用无性繁殖的草莓植株，往往带有病毒，导致植株生活力衰退，产量降低，品质下降，使品种退化。在组织培养中，利用微小茎尖可以脱掉病毒，培养出无病毒秧苗。

(3) 不受季节限制　组织培养育苗可以进行工厂化育苗，并且植株生长均匀一致，所培育的秧苗比常规育苗生长旺盛，成活率高。

（4）减少病虫害的侵染 组织培养的小苗是在隔离条件下获得的，不带任何病虫害，因而减少了重复感染的机会。

82. 影响草莓生长发育的因素有哪些？

（1）种子 种子对草莓果实的生长有重要的作用，它是坐果和果实正常生长发育的基础。授粉后的种子可以促进其附近花托的膨大，所以，花托上的种子数越多，果实越重。因此，保证草莓正常授粉受精是增大果个、提高产量、减少畸形果发生的主要措施之一。

（2）植株的营养状况 植株生长健壮是保证果实大小和产量的基础。草莓匍匐茎苗的质量直接影响草莓的产量，匍匐茎苗新茎粗度与产量呈明显的正相关。

（3）温度 温度与果实生长发育和成熟有密切关系。草莓果实生长发育的适宜温度为18～25 ℃，最低温度为12 ℃。根系在2 ℃时便开始活动，5 ℃时地上部分开始生长。春季生长如遇到−7 ℃的低温就会受到冻害，−10 ℃时大多数植株会冻死。草莓在开花期低于0 ℃或高于40 ℃都会影响授粉受精，产生畸形果。气温低于15 ℃时才进行花芽分化，而降到5 ℃以下时，花芽分化又会停止。昼夜温差对草莓果实的生长发育也有重要的影响。果实发育期的适宜温度，白天为20～25 ℃，夜间为10 ℃。较高的昼温能促进果实着色和成熟，但果实小；较低的昼温能促进果实膨大，形成大果，但使果实着色不良。

（4）光照 草莓是喜光植物，但又较耐阴。光照充足，植株生长良好，光合作用旺盛，同化效率高，果实膨大迅速，含糖量高，品质好。相反，光照不良，植株长势弱，叶柄及花序柄细，叶片色淡，花朵小，同时影响果实着色，品质差，成熟期延迟。

（5）水分　草莓的根系浅，且植株小，叶片大，决定了在整个生长季节对水分有较高的要求，必须保证水分的供应。但草莓不耐涝，水分过多导致通气不好。长时间积水会严重影响根系和植株生长，降低抗寒性，甚至使植株窒息而死亡。

（6）土壤　草莓适应性强，可以在各种土壤中生长，但要丰产则以肥沃、疏松、通气良好的沙壤土为好，酸碱度应是中性或微碱性土壤为佳。

83. 建立草莓标准园需要什么条件及配套设施？

草莓标准园要远离城市和交通要道，周围无工业或矿山的污染源，以平地为宜。如果是丘陵地，园地的坡度应选10°以下的缓坡，因为坡度越大，易水土流失，土层较薄，土壤肥力低，草莓生长条件差。草莓适宜栽植在土壤肥沃、地面平整、保水保肥能力强、透水通气性好、质地较疏松的沙壤质土壤。在雨水多、地下水位高的地区，宜采用高垄栽培。有线虫危害的葡萄园和已刨去老树的果园，或番茄、茄子、辣椒等茄科类植物与草莓有共同病害，未进行土壤消毒前，也不能种植草莓。

草莓品种配置应将早、中、晚熟品种搭配种植，既可错开采收日期，又可延长供应期。鲜果均衡上市，也有利于提高产值。草莓虽然自花授粉能结实，但产量降低，果实变小；异花授粉，果个大，果实增重。所以除了确定主栽品种外，还需注意配置授粉品种，以改善果实品质和增加果重。

草莓基地应营造防护林，有利于阻挡气流，减少风害，增加土壤湿度和改善小气候。同时应设置灌溉和排水系统。目前灌溉方式以渠灌较普遍，有条件时可采用喷灌或滴管，可大量节省水分，提高土壤持水力。为便于对生产基地的管理，园区必须按情况划分作业小区，并有道路网贯穿全园，包括作业道、支路及主干道等不同路面。此外，还要有一些建筑物，以便于工作、休息、盛放物品和晾晒等需要。

84. 如何做好草莓营养生长时期的土肥水管理？

草莓的营养生长期一般是指幼苗定植至花芽分化之前。

（1）中耕除草 幼苗定植后经常浇水，土壤板结，杂草也大量滋生，不利于草莓根系上涨，应及时中耕除草。草莓根系浅，要浅中耕，并严防土块压没苗心。

（2）及时去除匍匐茎和老叶 生产苗幼苗生长至秋季，仍继续抽生匍匐茎，消耗母体大量营养，对花芽分化不利，应随时摘除。老叶不仅光合能力差，还消耗水分和养分，而且还会产生抑制花芽分化的物质，故应及时摘除。一般每个植株在此时期经常保持5～6片叶即可。

（3）肥水管理 幼苗定植后，要及早追肥，以促苗早发。一般在有两片叶展开时，每亩追施复合肥15～20千克。施肥可采取浅沟施或穴施，以避免烧苗，提高肥效。施肥后随即浇水，以后保持土壤湿润，以促进根系生长。

85. 如何做好草莓开花结果期的土肥水管理？

露地草莓开花结果期为30～40天，这个时期是草莓产量形成的关键时期，土肥水管理得当有利于提高产量，延长结果期。

（1）适时追肥 露地草莓在初花期要进行追肥，适时追肥对保证植株生长，提高坐果率，改善果实品质，增加产量有显著作用。追肥应以磷、钾肥为主，兼施适量氮肥，可追施过磷酸钙、硫酸钾、尿素或复合肥等。追土肥的同时要配合叶面喷肥，用微量元素作叶面喷肥，能增加植株的抗逆性，显著提高草莓的产量和品质。适宜时期是在现蕾期至开花期进行，一般可进行2～3次。工业或农业生产上应用的硼酸、硫酸铜、硫酸锌、硫酸镁、钼酸铵等都可以作为叶面喷肥的肥料。例如0.6%的锰酸钾和钼酸铵配成的溶液，或用0.3%的硼酸、硫酸钾喷洒叶片。叶面喷肥可使用喷雾器在阴天或下午4点以后进行。

（2）合理浇水　草莓进入花期后，随着开花、坐果、果实发育成熟，草莓需水量越来越多。因此，在水分管理上，要掌握小水勤浇，保持土壤湿润的原则。在果实成熟期，可采用隔行灌溉的方法，有条件的地方，可采用滴管的方法。

（3）土壤管理　草莓开花前灌水后，要结合除草、清园、施肥进行。重点是清洁园地，或覆盖地膜，为结果做准备。

86. 草莓开花结果期如何进行花果管理？

（1）疏花疏果　每株草莓一般可抽生2～3个花序，每个花序上着生3～30朵小花。先开的花结果好，果个大，成熟早，而高级次的花序开花晚，不能发育成果实，或形成小果、畸形果，多而无商品价值。因此，对高级次花序在花蕾分离期，最晚在第一朵花开放时，进行适量疏除，每个花序留果7～12个。疏果在坐果后，幼果青色时期进行，主要疏除畸形果和病虫果，使果实整齐，提高果品商品率。

（2）及时垫果　草莓坐果后，随着果实的生长，果穗下垂，果实与地面接触，施肥浇水均污染果面，极易感染病害，造成烂果，影响果实着色和品质。因此，必须在草莓花后2～3周及时垫果。垫果材料可用麦秸、稻草，在草莓定向栽植的基础上，垫在花序抽出行间果穗下面。若采用高畦地膜覆盖栽培，则不用垫果。

87. 草莓的主要病害有哪些？

草莓主要病害及防治见表13。

表13 草莓主要病害

<table>
<tr><th colspan="2">病害名称</th><th>主要症状</th><th>防治措施</th></tr>
<tr><td rowspan="4">主要病毒病</td><td>草莓斑驳病毒病</td><td>单独侵染无明显症状，与其他病毒复合侵染时，使病株严重矮化，果实品质下降，可通过嫁接、蚜虫传染</td><td rowspan="4">①培育和栽培无病毒秧苗，实行严格的隔离制度是防治病毒病的根本措施；②及时防治蚜虫，以减少病毒病的发生，在5～6月间喷药，或利用蚜虫回避银色反射光的特点，用银色聚乙烯薄膜覆盖防治蚜虫；③及时进行轮作和倒茬，尽量避免同一块地上多年连作；④加强田间栽培管理，提高草莓植株的抗病毒能力，若发现病株要立即拔除烧毁，减少侵染源</td></tr>
<tr><td>草莓轻型黄边病毒病</td><td>该病毒常与其他病毒复合侵染，引起叶片黄化或叶缘失绿，植株生长势严重减弱，植株矮化，产量和果品质量严重下降，主要通过蚜虫和种子传播</td></tr>
<tr><td>草莓镶脉病毒</td><td>复合侵染后叶脉皱缩，叶片扭曲，同时沿叶脉形成黄白色或紫色病斑，叶柄也有紫色病斑，植株极度矮化，产量和品质下降。可由多种蚜虫传播</td></tr>
<tr><td>草莓皱缩病毒</td><td>有致病力强弱不同的许多株系。主要表现为叶片畸形，叶脉褪绿及透明，植株矮化。强毒株系单独侵染时严重降低生长势和产量，弱病株单独侵染后，繁殖能力下降，果实变小。主要由蚜虫传播</td></tr>
<tr><td colspan="2">草莓灰霉病</td><td>主要危害叶片、花、果柄、花蕾和果实，叶片和果柄病部产生褐色和暗褐色水渍状病斑，高湿条件下，叶背出现乳白色绒毛状菌丝团。被害果实出现油渍状褐色斑点，进而迅速扩大，至全果变软，密生灰霉</td><td>合理密植，避免氮肥过多，及时清除老叶、枯叶、病叶和病果。蕾期前用50%的速克灵800倍液、50%多菌灵500倍液等均可进行防治，一般每7～10天喷药一次，共2～4次</td></tr>
</table>

（续）

病害名称	主要症状	防治措施
草莓白粉病	发病初期叶背面发生白色丝状菌丝，然后形成白粉状，最后扩大成灰白色的粉质霉层；严重时叶缘向上卷起，焦枯；花瓣变成红色；果实受害后果面出现白色粉状霉层，发育停止、硬化、畸形，严重时果实腐烂干枯	选择抗病品种；生长季及时摘除病叶、老叶和病果，初冬彻底清扫果园；避免过多施用氮肥，合理密植；发病初期可选用70%甲基硫菌灵1 000倍液，或50%多菌灵1 000倍液，或选用50%硫悬浮剂300～400倍液，开花前每隔7～10天喷一次
草莓革腐病	危害果实的主要病害，幼果期发病初期，病部呈褐色至深褐色，以后整个果实变褐，呈皮革状，且不再膨大；成熟果实病部呈紫红色或紫色，表面皱缩，无光泽，果肉变褐且革质化，有苦味；叶片受害为水烫状，迅速变褐枯死	选用抗病品种；生长期注意通风，降水过多时注意排水，避免过多施用氮肥；适时采收，切忌碰伤果实，及时摘除病果；发病前喷代森锰锌、百菌清或克菌丹500倍液
草莓黑霉病	主要危害接近成熟的果实，初发病时果面呈淡褐色水渍状病斑，继而迅速软化腐烂，长出灰色棉状物，上生颗粒状黑霉	禁止草莓连作；栽后加强肥水管理，及时摘除老叶和病果；采收前连续喷布保护性杀菌剂，重点喷布果实
草莓炭疽病	匍匐茎、叶柄和叶片发病时，发生近黑色的长圆形、纺锤形或椭圆形局部病斑，呈溃疡状，并向下凹陷，病斑以上部分枯死；果实受害初期产生近圆形病斑，淡褐至暗褐色，果实成熟前迅速扩大，软腐凹陷	选择抗病品种；栽植不宜过密，合理施肥，控制氮肥的用量；及时清除匍匐茎、老叶，以利通风透光；在匍匐茎生长期可喷布80%代森锰锌800倍液，或75%百菌清600倍液，或50%多菌灵600倍液进行防治

88. 草莓的主要虫害有哪些？

草莓主要虫害及防治见表14。

表 14 草莓的主要虫害

虫害名称	主要症状	防治措施
蚜虫	危害草莓的蚜虫常见的有桃蚜和棉蚜，蚜虫危害时草莓叶片卷缩、扭曲变形，嫩叶不能正常展开，植株生长不良。此外，蚜虫是一些病毒病的传播介质，造成严重的危害	及时摘除老叶，清除田间杂草，减少虫源；保护利用天敌；黄板诱杀；利用银灰色地膜，驱避蚜虫；发生初期用50%抗蚜威2 000倍液，或10%吡虫啉1 500倍液进行喷雾防治
红蜘蛛	危害草莓的蜘蛛有二点红蜘蛛和仙客来红蜘蛛两种，都是在草莓叶背吸食汁液，被害部位出现小白斑点，后现红斑，严重时叶片呈锈色，状似火烧，植株生长受抑，严重影响产量	及时摘取老叶和枯黄叶，以减少虫源；草莓开花前，选用残效期长的蚜螨灵或氧化乐果等杀卵杀螨剂1 000倍液防治2次（间隔1周）；采果前选用残毒低的20%增效杀灭菊酯5 000～8 000倍液，间隔5天，喷施2次，采果前两周禁用
芽线虫	草莓线虫和芽线虫的统称，都寄生在草莓芽上。危害轻的，新叶歪曲畸形，叶色变浓；严重时植株萎蔫，芽和叶柄变成黄色或红色；受线虫危害的植株，芽数量明显增加，危害花芽严重时，花芽退化、消失，或者坐果差，显著减产	用热水处理秧苗，在35℃水中预热10分钟，然后放在45℃热水中浸泡10分钟，处理后冷却栽植；实行轮作；发现病株，立即拔除烧毁；花芽分化初期，用敌百虫原粉500～600倍液，每7～10天喷一次，喷施3～4次。芽的部位一定要喷到
根线虫	该线虫寄生在根内，发病初期在根表面产生略带红色的无规则纵长小斑点，迅速扩大，融合至整个根部，颜色变成黑褐色，随后腐败、脱落。外部表现为根系不发达，导致植株生长发育不良，产量下降	选用无线虫危害的草莓苗；轮作换茬；用热水处理秧苗，在35℃水中预热10分钟，然后放在45℃热水中浸泡10分钟，处理后冷却栽植；清除病株，消除病源
白粉虱	集中在寄主叶背面吸取汁液，造成叶片褪色、变黄、萎蔫，严重时植株枯死。危害时还分泌蜜露，污染叶片，引起霉菌感染，影响植株光合作用	采用黄板诱杀，每亩温室放30块左右；25%扑虱灵可湿性粉剂2 500倍液，或40%菊杀乳油2 500倍液，应在采果前15天喷药防治

（续）

虫害名称		主要症状	防治措施
草莓地下害虫	蛴螬	常食幼根或咬断新茎，造成死苗；也食害果实	栽前进行翻地，清除园内外杂草，集中烧毁，消灭虫卵和幼虫；利用成虫的趋光性，在其产卵前进行灯光诱杀；发现地下害虫时，可撒毒饵防治
	蝼蛄	食地下根系，吃食靠近地面的果实	
	地老虎	常咬断草莓新茎，将靠近地面的果实吃成孔洞	
	金针虫	咬食草莓新茎，也蛀入果实内危害	
蛞蝓		一般晚上咬食植物的幼芽、嫩叶、果实等部位，咬食草莓果实后，常造成孔洞，爬过的果实，果面留有黏液，商品价值大大降低	施底肥不能用未腐熟的农家肥；草莓未坐果前，可用2.5%敌杀死3 000倍液，或20%速灭杀丁8 000倍液喷洒地面进行防治，坐果后不能喷洒，只能将药液浇灌在植株附近的土壤中

89. 草莓无公害病虫害防治包括哪些方面？

草莓无公害病虫害防治，主要实行“预防为主、综合防治”的方法。强调以栽培管理为基础的农业防治，提倡生物防治，充分发挥天敌的自然控制作用，结合生物防治和物理防治，按照病虫害发生规律，选用高效生物制剂和低毒化学农药，科学使用化学防治技术，减少污染和残留，以此来达到对人体没有任何伤害或人体内无药物残留的目的，使产品质量符合国家无公害食品标准规定。

（1）农业防治　选择抗病品种，栽培时根据不同地区的情况，选择对某种或某几种病抗性较强的品种；培育健壮无病毒秧苗；对草莓种苗实行严格检疫，减少病虫传播；加强栽培管理，定植前施足基肥，栽培不要过密，改善通风透光条件，控制氮肥用量和灌水量，防治植株徒长，尽量避免连作，适时进行疏花疏果；及时去除匍匐茎和老叶以及病叶、病果；清除园内的杂草，保持园内清洁。

（2）物理防治　利用病毒不耐高温的特点对草莓的幼嫩组织进行热处理，获得脱毒苗；应用昆虫性外激素，减少成虫自然交配概率，达到防治效果；根据某些害虫的趋性诱杀，可以利用光、波、色诱杀害虫或驱虫。

（3）生物防治　利用自然界的天敌生物及其代谢物，对特定的病虫害进行控制。

（4）合理使用化学农药适期防治　化学防治要根据病虫害发生的程度、范围和发育进度，及时采取措施。实行苗期用药、早期用药，提高农药对病虫害的杀伤力，提高防治效果，且使用农药时要严格执行农药安全使用标准，严禁使用国家已经公布禁用的农药品种。

七、杏

90. 我国杏产业发展现状与前景如何？

我国栽培杏的分布，主要以秦岭、淮河以北较多，分布在黄河流域各省，河北、北京、河南、山东、山西、陕西、甘肃、新疆栽培最多，而且杏的适应性强，山地、丘陵、平原和沙荒地均可栽培，其对栽培条件要求低，抗旱，耐瘠薄，结果早，盛果期长，病虫害少，在北方旱区发展有重要的经济意义和生态意义。随着经济水平和生产技术的发展，杏树的栽培面积也以逐年递增的趋势高效发展，不仅成果率高，产量也是达到了一定标准，在一定程度上推动了当地的经济及相关产业的良好发展，果农的生活质量也随之得到了较大改善。

杏本身具有良好的药用价值、工业价值、食用价值以及园林绿化价值，是集生态、经济、社会效益于一体，市场发展前景广阔。而且杏果生产增速较慢，它在大部分果品行情下降的情况下，价格也一直较高。此外，杏的适应性极强，抗性好，在干旱风沙地区均能生长，进行杏粮间作可起到抗御干旱、风沙、干热风及霜冻等自然灾害的作用，而且，从退耕还林的角度来讲，杏树是可选择的最佳树种之一。所以，杏树不但是果业创收的主要经济树种，也是园林植物配置中不可缺少的观赏树种，广泛种植市场前景广阔。

91. 杏有哪些营养价值？吃杏有哪些好处？

杏树全身是宝，用途很广，且经济价值很高；杏果实营养丰富，含有多种有机成分和人体所必需的维生素及无机盐类，是一种营养价值较高的水果。在未熟的果实中，含有的类黄酮较多，而类黄酮有预防心脏病和减少心肌梗死的作用。在鲜食的杏中，其含水量为85%，有较低的热量，以及含有丰富的碳水化合物、钾、维生素A、维生素P、柠檬酸、番茄烃等十几种营养成分；果肉含糖、蛋白质、钙、磷、胡萝卜素、硫胺素、核黄素、烟酸及维生素C；杏仁中含油50%～60%、蛋白质23%～25%，并且含有丰富的维生素B_{17}，而维生素B_{17}又是极有效的抗癌物质，还只对癌细胞有杀灭作用，对正常健康的细胞无任何毒害，同时还含有丰富的维生素C和多酚类成分，这种成分不但能够降低人体内胆固醇的含量，还能显著降低心脏病和很多慢性病的发病危险性。此外，甜杏仁含苦杏仁苷、脂肪油、糖分、蛋白质、树脂、扁豆苷、杏仁油；苦杏仁含苦杏仁苷、酶及脂肪油等，可止咳平喘，润肠通便，还可以治疗肺病，咳嗽等疾病。

由于杏性温，一次不可食用过多，否则会上火，每次食3～5枚视为适宜。另外还需要注意：苦杏仁含有苦杏仁苷，可分解出毒性很强的氢氰酸。因此，如食用杏仁，须先在水中浸泡，并加热煮沸，使氢氰酸溶入水中或蒸发掉，而后再食用。

92. 杏的优良品种（系）有哪些？

特早巨杏　美国品种，大果型杏，树形矮化，枝条开张，叶片较大，呈心脏形，果实圆形，花期抗寒能力强，抗病，自花坐果能力强，丰产性强，栽培效益高。

凯特　易成花，栽后当年成花，且自花坐果率高，结果早，果实近圆形，丰产性强，抗性好。

金太阳杏　美国品种，早果丰产优良鲜食品种。树势中庸，萌芽力中等，成枝力强，生长快，扩冠迅速。枝条生长易下垂，有较强的适应性和抗逆性，以短果枝结果为主，自花结实力强，丰产稳产。

红丰杏 丰产性强，树冠开张，萌芽率高，成枝力弱，稳产、适应性强，种植简单，效益高，抗旱、抗寒，耐瘠薄，耐盐碱力强，一般土壤均可种植，露地、棚栽均可。

极早甜 树势中庸，枝条较软，树姿半开张，成花易，萌芽率高，成枝力中等，短果枝比例高。以短果枝结果为主，中长果枝也能正常结果，坐果率高，抗性强，是优良的极早熟杏品种。

金宇 树冠圆头形，树姿开张。自花授粉不结实，丰产性强，生理落果、采前落果较轻，适应性较强，抗旱、耐贫瘠，较抗细菌性穿孔病。

麦黄杏 树冠半圆形，树势中庸，树姿半开张，主干纵裂，暗色，花芽圆锥形，以花束状果枝结果为主，丰产性好，宜鲜食与加工。

骆驼黄杏 树势强健，生长量大，树冠高大，呈自然圆头形，树姿开张，1年生枝斜生，粗壮，红褐色，有光泽，皮孔小而少；多年生枝灰褐色；叶片椭圆形，花5瓣，白色。结果早，萌芽力较弱，成枝力强；以短果枝和花束状果枝结果为主，丰产性好。

二红杏 树冠半圆形，树势中庸，树姿开张，主干较光滑，树皮条状裂，灰褐色，叶片长圆形，花瓣5片，雌蕊高于雄蕊，花药黄色，花粉量大。以中、短枝和花束状果枝结果为主。

水白杏 树冠倒圆锥形，树势中庸，树姿半开张，主干粗糙，树皮丝状裂，灰白色，叶片卵圆形，花白色5片，以短果枝及花束状果枝结果为主。

红玉杏 树势强，树冠高大，树姿半开张。萌芽力强，成枝力中等，枝中粗，节间长。以短果枝结果为主，连续结果能力强，自花不实。早果性较好，喜土层深厚肥沃地栽培，旱薄地栽培产量低。花期易受早春晚霜危害，产量不稳定。易感叶斑病。

泰安水杏 树势强健，树姿开张。萌芽力强，成枝力中等，以短果枝结果为主，雌蕊败育花率较高，自花不实，需配置授粉品种。早果性较好，定植后第三年结果，较丰产，适应性与抗逆性较强。

大红杏 树冠半圆形，树势较弱，树姿半开张。干粗糙，叶片圆形，花 5 瓣，白色，花粉量大，以短枝和花束状果枝结果为主。

阿克西米西 原产新疆库车，树势强健，树冠大，果实较小，果呈黄白或橙黄，果肉黄白，品质佳、丰产性好，抗旱、抗寒，耐瘠薄，适应性强，是鲜食、制干与仁用兼用的优良品种。

河北大香白杏 幼树生长快，各类果枝均可结果。成年树以短果枝、花束状果枝结果。萌芽力和成枝力较弱，抗旱，适应性和丰产性强。

兰州大接杏 兰州地区古老品种，树势强壮，树姿半开张，树冠呈半圆形，1 年生枝阳面紫红色，阴面灰绿色，光滑无毛，叶片近圆形，叶色浓绿，花色粉红，花瓣短，椭圆形，雌蕊茸毛多，为我国最优良的鲜食品种之一。

金妈妈杏 树势强健，树姿半开张。抗旱，适应性强，极丰产，为品质优良的早熟品种。宜鲜食，可制罐头、加工杏仁及杏干。

特拉洋 树势中庸，枝条较硬，树姿相对较直立，成花易，坐果率高，萌芽率高，成枝力中等。短、中、长果枝都能正常结果，抗性强，易丰产稳产。

金玉 树势中强，树姿半开张至开张，干性强，幼树生长健壮，1 年生枝阳面黄褐色，阴面绿色，有光泽，多年生枝红褐色。叶片阔圆形，大而肥厚；花芽多为复花芽，多圆锥形。花瓣中大，粉红色，成花早，花量大，自花结实；病虫害少。

晚香蜜杏 树势旺盛，树形较直立，叶片肥大，呈圆形，果实圆形，坐果率高，丰产稳产，是极晚熟、大果型杏品种。

龙园甜杏 树冠为倒圆锥形，树势中庸，树姿半开张，主干较粗糙、浅紫色。新梢斜生直立，叶片短椭圆形，花朵大，单生、粉白色，萌芽力、成枝力均强。树体矮化，以短果枝和花束状果枝结果为主，坐果率高，易形成花芽，早果、丰产，适应性和抗逆性较强。

93. 如何建立现代标准化杏园？

（1）园地选择 杏树根系深，耐干旱、抗瘠薄，具有很强的适应性，无论是平地、山地或沙荒地均可栽植杏树。但是为了确保杏树丰产稳产，在建园时应选择和规划好园地。但是要知道不是什么地方种杏都可以获得高产稳产，所以在选择园址时要注意下列几点：①不在晚霜频繁的地方建园，杏树花期较早，常与晚霜期相重合，花期霜冻是杏生产的限制因子；②不在涝洼地上建杏园；③不在种过核果类的土地上建杏园，种过桃树等核果类果树的地方，土壤中留有大量有碍杏树发育的有毒物质和微生物，而且杏树生长发育所需矿质元素被同类果树消耗大部，在此类迹地上再建杏园，极易发生再植病，致树体发育不良，产量低，品质差，甚至导致死树。

（2）园区设计规划 建园时，应尽量选择交通便利的地方。以鲜食为主的杏园宜靠近村庄和大道，以加工为主的杏园宜建在加工厂附近。园地规划前，需要进行园地调查和绘制地形图。调查内容包括自然经济条件、交通、劳动力及市场情况。然后写出建园可行性调查报告，绘制好地形图，以供设计参考。

园内道路由主干道、支道和作业道组成。主干道贯通全园，与村庄、公路相通，宽度为 4～5 米。支道设在小区边缘，成为小区的分界线，宽 3～4 米。作业道根据需要设置，便于生产作业，宽度为 1～2 米。

为了便于生产管理，将整个园地划分成若干个栽植小区。小区的形状与大小可根据地形、地貌和道路情况以及水利系统等因素安排确定。一个小区内的地形、坡向、土壤情况应基本一致。长方形的小区便于生产管理，长边与等高线平行，小区面积一般为 30～50 亩，立地条件较好的 80～100 亩；梯田杏园以坡面或沟谷为小区单位，若坡面过大时，可划分为若干个梯田形小区。

（3）品种选择及授粉树的配置 正确的选择品种是提高杏园经济效益的前提和基础，在生产上品种的选择应遵循如下原则：

一是和经营的规模相适应。面积较小的杏园可以实现精细管理，宜选用大果、优质鲜食品种；面积较大的杏园应将鲜食和加工、仁用品种搭配栽植，早、中、晚熟品种要合理配比，以便于安排劳动力。

二是与经营方式相适应。城市近郊杏园常以自销为主，可以大果鲜食优质品种为主；远郊和山区则应以加工品种、仁用品种为主。

三是适应当地的生态条件。尽量不选用那些生态条件差别很大的地方品种。我国杏品种大多数自花不实或自花结实率很低，某些品种还存在有杂交不亲和现象，在建园时必须配置授粉品种才能获得高而稳定的产量。主栽品种与授粉品种的比例一般选择几个可以相互授粉、果实经济性状相当的品种互为授粉树，进行等量栽植。

鲜食品种杏，不耐储存，在交通不方便的地方，不宜过多栽植。一般应选择果实个大，果形端正，色泽鲜艳、诱人，果肉肥厚，肉质细腻，酸甜适度，富有香气，而且在果实充分成熟时始达品种固有风味的品种。当市场较远时，要选择耐贮运的品种；市场较近时（在城市郊区的杏园），由于交通方便，运输损失少，可以选择不耐贮运的品种。另外，选择的品种必须能够适应当地气候条件，有较高的产量和效益。此类鲜食品种很多，如金太阳、凯特、新世纪、骆驼黄杏、华县大接杏等，都可选用。

一般情况下，主栽品种与授粉品种的比例应为（3～4）∶1，即每栽 3～4 行主栽品种，栽 1 行授粉品种，相间排列。优良的授粉品种应当同主栽品种有良好的杂交亲和性，且花粉量大，花期与主栽品种相同，自身果实的经济价值也比较高。另外也可以几个主栽品种互为授粉树，彼此等量栽植。但是，杏园品种不宜过多，以3～5个为宜，若品种过多，既不便于管理，还会降低商品率。

94. 杏主要育苗技术有哪些？

育苗技术主要是播种育苗和嫁接育苗技术。

(1) 播种育苗 采用种子繁殖的杏苗，主要用于山区和沙荒地带营造水土保持林或培育嫁接良种杏树所需要的砧木。

种子选择与处理 选择表面鲜亮、核壳坚硬、种仁饱满，充分成熟的种核作种子。种核发污、种仁发黄、成熟度差、种仁瘪的应筛选去除。杏核种壳坚硬，厚度较大，吸水困难，后熟期长，在种子采收后，必须经过一定的后熟过程，才能发芽。

圃地选择与整地 杏树喜光，耐旱，不耐水涝，适应性强，在壤土、黏土、微酸性土、碱性土上甚至在岩缝中都能生长。而育杏苗圃地应选土层深厚、肥沃的沙质壤土较好，育苗地应选择背风向阳、日照好、稍有坡度的开阔地。苗圃地要特别注意选择有水利条件的地块。种子萌发幼苗出土，均需保持土壤湿润。杏幼苗生长期根系较浅，耐旱力弱，每次追肥均需浇水。育苗地要深翻，可促进苗木根系发育，熟化土壤、保持土壤水分。深翻一般在秋天进行，我国北方多数在立冬前后，深度应在20厘米以上。同时，结合深翻施入底肥，底肥应以农家肥为主。

播种 可分春播和秋播。春播一般在3月下旬至4月上旬，即清明节前后播种为宜；秋播在土壤封冻前播上即可，其种子可以不必进行催芽处理。要注意的是，秋播省去种核沙藏、催芽处理等过程，比较简便，但底水要足，覆土也要比春播厚些，为防止冬春干旱，要浇封冻水，否则会降低出苗率。采用春播、秋播，要根据当地的土壤、气候、人力等情况来决定。春播，地表层不易发生板结，便于幼苗出土，正确掌握春播时间，可使萌发种子和幼苗不遭受低温、霜冻自然灾害；秋播，种子在土壤里越冬，不必层积或催芽处理，第二年幼苗出土早、整齐，但冬季风大严寒，干旱地区、土壤黏重地块会影响种子出苗率或遭受冻害。播种时一般采用条播方式，在施足基肥、灌足底水、整平耙细的畦面上开沟，畦面宽 1 米，采用大小行种植，大行距 30～40 厘米，小行距 20 厘米。

（2）嫁接育苗技术 杏树通过播种培育砧木，采用嫁接繁育苗木，能够保持优良品种的特性，利于加速新品种的推广应用，且嫁接苗生长快，树势强，结果早，利于达到丰产的目的。

嫁接时期 嫁接时期有春季嫁接和夏秋季嫁接。一般春天多用枝接，时间为树液开始流动，即从芽萌发膨大到展叶之前最好，一般 20 天左右，而且枝接法多用于大龄砧木；夏秋季嫁接，多用芽接，时间为 6 月上旬到 8 月下旬，要注意的是芽接应选晴天进行。晴天嫁接有助于接口愈合，成活率高，阴雨季节嫁接，接口易流胶，不能成活。

嫁接方法 芽接常用嵌芽接和 T 形芽接（热黏皮）；枝接常用切接和劈接。

芽接接穗的采集时间，在近距离采用时，应在当天或前 1 天采集，随采随接。在远距离采用时，应在 3 天内采集。①嵌芽接，在接穗和砧木不易离皮时进行。首先，削取芽片，先在接芽上方 10 毫米左右处入刀，向下斜切一刀，长约 1.5 厘米，之后在芽的基部 0.5 厘米处斜向下削一刀，与上一刀口重合，即可取下芽片。然后，用同样方法削砧木，砧木切口的大小要与芽片相仿。最后，迅速将削好的芽片嵌入砧木的切口，使切口对齐吻合（上端露出一线白色砧木皮层，叫露白，利于形成愈合组织）；再用塑料条绑严。②T 形芽接，在接穗和砧木容易离皮时进行。削取的芽片长 1.5 厘米左右，宽 0.5 厘米左右，呈盾形，在削取时要特别注意，不要撕掉芽片内侧维管束及生长点。砧木在距地面 5 厘米处开一

"T"形口，长宽要比芽片适当大些。剥开后立即插入芽片，直至芽片上端与砧木横切口相吻合，之后用塑料条绑紧。

枝接接穗一般结合冬季修剪在冬季至萌芽前采集，只要接穗的芽尚未萌发，采集越晚越有利于提高嫁接成活率接穗的贮藏与运输。①切接，切接适用于径粗1厘米以下的小砧木。其方法如下：先将砧木在距地面10厘米左右处剪断，削平，近木质部边缘垂直向下切，其长宽最好与接穗的大面相同。再将接穗下端由正面削一刀，长度与砧木相仿，在背面再削一马蹄形的小斜面，之后将接穗留3～5个芽剪断。顶芽最好在小削面一侧。将大削面向里插入砧木切口中，使砧木、接穗的形成层一边对齐。不要将长削面全部插入，要适当露白（约0.5厘米）。之后用塑料条将伤口缠紧，以减少水分蒸发，利于成活。②劈接，适用于较粗砧木，多年生树的更换品种。其方法如下：先在离地面8～10厘米处剪（锯）断砧木，削平伤面，便于愈合。之后用劈刀从砧木中间向下劈开，深度与接穗削面相同。再将接穗下端芽的两侧削成3厘米长的大削面，呈长楔形，使有芽一侧稍厚，另一侧较薄。将削好的接穗，厚边朝外沿劈缝插入劈口中，对准形成层。接穗的削面不宜完全插入砧木中，要适当露白（约0.3厘米），最后用塑料布条绑严接口。

嫁接砧木 本砧：西伯利亚杏、普通杏、辽杏、藏杏；异砧：梅、桃、李。

杏的嫁接，砧木与接穗砧木通常多为山杏。这些砧木节间短，茎干纹理不通直，劈裂后裂缝表面扭不直，影响砧穗切面的密接。山杏栽培生枝皮薄，组织软，取芽片插入砧木皮层下时易使皮层皱褶受伤，影响芽接成活率。

杏树育苗，应采用"本砧"实生苗生长快，愈合好，寿命长，对土壤适应性强，根头癌肿病少。以"异砧"嫁接的杏树便于密植，结果早，进入盛果期快，适应商品性生产和集约化栽培。

95. 杏的主要树形有哪些？如何进行整形修剪？

目前，在生产上普遍采用的树形有以下几种：①自然圆头形：该种树形容易整形，修剪量小，成形快，结果早，丰产性强，宜于密植和小冠栽培，但因主枝分布在一层，后期容易密闭，树冠内膛枝条容易枯死光秃，结果部位外移；②疏散分层形：树冠高大，主枝较多，层次分明，内膛不易光秃，产量高，最适宜于干性强、比较直立的品种，成形慢，需 3～4 年时间；③自然开心形：树体较小，通风透光好，果实品质高，成形快，进入结果期早，适宜于土壤瘠薄、肥水较差的山地采用，缺点是主枝易下垂，不便树下管理，寿命较短；④延迟开心形：此种树形介于上述诸树形之间，有类似于疏散分层形，但树冠中等大小，造型容易，进入结果期早，适宜密植栽培。

96. 不同年龄时期杏树如何进行修剪？

（1）幼树修剪 杏树幼树生长旺盛，修剪要轻，多保留小枝以加速成形，提高结果。对主枝延长枝及较强的发育枝留 40～60 厘米短截，约剪去原长的 1/3 或 2/5，剪截后能抽出 2～3 个长枝，对于过密的枝条和徒长枝进行疏剪，其余枝条缓放；对生长较弱的幼树宜适当短截，疏除过密枝、细弱枝，多保留健壮枝，拉平直立旺枝作为辅养枝，以促发粗壮的中、短果枝。此外，对树冠内部萌发的、长势较为旺盛、着生位置适宜的徒长性枝条，可适时摘心，缓放利用。修剪各级主、侧枝时，要选留饱满外芽，使继续向外延伸，扩大树冠。

（2）初结果树修剪 初结果杏树，延长枝的短截程度可稍微重些，杏树发枝力较弱，一般不会使树冠内过于郁闭，所以采取短截、回缩和疏剪相结合的剪法。新形成的枝条可不剪，而长果枝可依生长势强弱留 15～30 厘米短截，为防止大树冠内光秃，可在主、侧枝两侧利用发育枝短截或缓放枝回缩，培养成永久性枝组，发育枝一般在枝条下部饱满芽处留 20 厘米左右短截，其余长枝在饱满芽处短截，弱枝缓放结果。

（3）盛产期杏树修剪 幼龄杏树经过 3～5 年的整形修剪之后，整个树体结构基本形成，树冠也初具规模，各类枝条组合比例基本配置齐全，随着产量逐年攀升，标志着果树已进入盛果期。其修剪以稳定树势，提高品质、延长丰产年限为目的。并根据枝条长势、树冠各部位的空间情况，适当疏除、截弱枝条，以保持稳定的结果部位和生长势。对衰弱的主枝、侧枝、多年生辅养枝、结果枝组、下垂枝，在有强壮枝的部位进行回缩，以达到恢复生长势头。及时更新复壮树冠下部及内膛枝，使果树不断产生新的健壮结果枝。冬季修剪一般慎用对中心领导干落头、主枝和其他大枝回缩的方法，以防冒条徒长。杏树成枝力弱，对各部位的结果枝组、长果枝和长势中庸的发育枝，只要不是过密，一般不要疏除，可短截促发少量长枝，使中下部抽生中短枝交替结果。

（4）衰老期杏树修剪 衰老期杏树修剪以适当的复壮树势、延长结果年限、提高果品品质为目的。修剪时应对长、中花枝多应用短截的方法，短果枝和花束状枝适当疏除部分，以控制花芽数量，减少营养消耗。对下垂枝和多年生枝组可采用适当回缩的方法以复壮生长势；其背上旺枝一般不疏，利用其结果。修剪大枝慎用回缩，以防止大树变小树而降低产量。

97. 如何防控杏树主要病虫害？

（1）休眠期病虫害防治 杏树休眠期大致为 11 月下旬至次年 2 月下旬，此期为病虫越冬休眠期。需要及时进行清园，拣拾落果，摘除树上僵果，清除树基周围的枯枝落叶，剪除病枝，集中销毁，刮除老树皮，消灭越冬病虫，清除越冬病虫源，减少病虫基数。树干喷5波美度石硫合剂进行预防。休眠期措施是全年病虫害防治的基础。石硫合剂必须喷匀、喷透，主干可刷石硫合剂原液。

（2）萌芽开花期病虫害防治 萌芽开花期的时间大致为3月上旬至4月上旬，此期越冬病虫已开始活动。主要防治杏疔病、杏仁蜂、杏星毛虫等病虫害。此期也是杏象甲出土上树危害期，可利用其假死性，清晨摇树，人工捕杀，清除虫果，并及时喷20%速扑杀2 000倍液和50%多菌灵600倍液混合液。防治杏象甲和杏疮痂病、黑斑病、穿孔病，也可选用其他杀虫杀菌剂混用。

（3）果实生长、花芽分化期病虫害防治 果实生长期是指4月上旬落花后果实开始发育到6月下旬或7月上旬果实成熟时为止。要注意防治球坚蚧、杏卷叶蚜、褐腐病、疮痂病等病虫害。在防治病害的同时，可混加杀虫螨剂，兼治害虫、叶螨。6月上旬是防治红蜘蛛的关键时期，可选择扫螨净、哒螨灵、齐螨素等药剂进行喷施。6月中下旬可用2.5%溴氰菊酯EC（敌杀死）2 500倍液（或灭幼脲3号500～1 000倍液）加800倍40%多菌灵SC防治红蜘蛛、蚧类、黑斑病等，并人工捕杀红颈天牛成虫。

（4）果实采收至落叶期 主要防治叶螨类、刺蛾类、细菌性穿孔病等。可以喷施1～2次杀虫剂和杀螨剂，并加入杀菌剂；防治细菌性穿孔病药剂可选择疫霜灵、农抗120、多氧霉素、菌毒清等。要重视采果后的病虫害防治工作。

98. 如何提高杏果实的品质？

果实品质是果树栽培技术的中心目标，只有优质，才能提高果品在市场上的竞争力。果品的质量由外观质量和内在品质两大方面构成，而提高果实品质的关键，首先是选择品种，做到适地适树，在此基础上应用栽培技术调控有很大作用。

（1）选择优良品种，适地适栽 提高杏的果实品质要注意选择好杏树的品种，并适地栽培，保证其正常生长。选择品种时要注意选用：果实品质优良、适应本地生态条件、适合本园管理水平以及成熟期要适应市场需求的品种。同时，在同一产区，对同一品种的杏树采用不同的栽培技术，加上不同的采后处理技术，就会生产出不同质量的杏果品。栽培技术越高，杏果品的质量也就越高。

（2）合理的群体结构和果树的负载量 群体结构是枝叶量、枝类、覆盖率和透光度等因素的总称。通过合理的密植，加强生长期修剪，控制树势等调整树形，改变光照条件，即可在一定程度上改变果实品质。同时要注意杏树的负载，严格疏花疏果，让杏树保持一定叶果比，这样果实生长个大、着色好、含糖量高。留果量过多，大量消耗树体营养，果实小，品质下降，过度负载的单果重甚至仅为正常单果重的一半，严重降低杏果的商品价值；但留果过少，导致树势偏旺，果实明显贪青、着色不良。合理的留果标准为中、长果枝每6～8厘米留一个果，短果枝和花束状果枝留1～2个果。花后10天进行第一次疏果，疏果时要多留出1/3的果量；一周后进行第二次疏果。

（3）科学的肥水管理 要把握需肥临界点，选准施肥时机和方法，并且要注意地上地下兼顾，保持营养平衡。对果树增加有机肥的施入量，平衡施肥，加强矿质营养的补充。要做好：施好底肥，以有机肥为主，9月早施入有利于根系的吸收和伤根愈合，深度40～60厘米，施后浇好水；适时追肥，花前花后施肥可以促进幼果膨大；6月下旬至7月上旬，施肥可促进果实膨大、着色增糖以及花芽分化；采果后施入可以复壮树势，促进花芽分化，提高花芽质量；叶面喷肥，可与生长季结合喷药进行，尤其在果实生长期的时候，多喷施磷钾肥能大大提高杏果的品质。最后要注意芽前水、膨果水、封冻水的浇灌。

（4）搞好辅助授粉 人工辅助授粉除能保证坐果外，并且有利于果实增大端正果形。授粉时要选择好父本，授粉的父本品种不同，对果实大小、色泽、风味、香气等有重要的影响，即花粉直感，在可能的条件下要有所选择，以利促进果实品质。

（5）花果疏除 要先疏除过晚花、瘦弱花，再疏除过密花；疏果时则是要先疏除畸形果、病残果、黄萎果、双生果，再疏除无叶果、小果，按要求留大果、端正果。合理定果，提高单果重，按距离留果，原则上是6～8厘米留1个果。

（6）防止裂果 若是在杏果实成熟时期降雨较多，极容易引起裂果。为了防止裂果，在选址建园时，要注意选择不易发生裂果的杏品种，同时应加强排水设施的建设，确保有效及时地排水，从而减少裂果，提高果品的质量。

（7）铺设反光膜，促进果实着色 在果实着色期，在杏树树冠下铺设银色或者银灰色反光膜，制造反射光，改善树冠内部、树冠下部光照条件，使不容易见到阳光的果实下部、侧面接受部分反射光，着色良好，可使得全树果实着色均匀，提高优质果率。

（8）摘叶 在果实着色期摘除对果实有遮阴的树叶，使果实直接接受阳光照射。但摘叶不可过早，不然会降低果实含糖量，使果树花芽分化不充实。

99. 如何提高杏的坐果率？

由于杏树败育花比率高，开花早，容易受春季寒潮及晚霜危害，同时早春大风降温天气多，限制了传粉昆虫的活动，恶化了授粉受精条件。因此要提高杏树的坐果率，在配置适宜授粉品种的基础上，应采取以下措施：

（1）选择优良品种 选择适应性强、产量高、品质优良且完全花比例高的品种，以提高坐果率；选择开花比较晚的优良品种，避开霜冻的危害，发挥品种本身的优良特性。

(2) 合理配置授粉树 杏树大多数品种自花结实率很低，因此需配置授粉树。一般情况下授粉品种和主栽品种的比例以(4～5)∶1为宜，可隔行栽植，而小型杏园可采用“中心式”授粉树配置方式。要注意的是在选择授粉树时，要充分考虑：授粉树与主栽品种花期一致，花量多、花粉质量好；与主栽品种能相互授粉结果良好；与主栽品种同时进入盛果期，经济结果寿命长短相近，且果实也具较高的经济价值，并与主栽品种管理条件相似，成熟期相近。

(3) 果园放蜂 果园放蜂是提高坐果率的有效措施。以角额壁蜂的授粉效果好，其传粉能力是蜜蜂的70～80倍。每7.5亩杏园1箱蜂，可增产65%。

(4) 人工辅助授粉 杏树开花早、花期短，如遇低温、阴天、降雨或大风等不良天气，昆虫活动受阻，就会影响授粉，从而影响坐果，应进行人工授粉。提倡花期采集其他品种花朵，制成混合花粉进行人工辅助授粉，较实用的主要有人工点授、喷粉和液体授粉3种方法。

(5) 加强土肥水管理、养根壮树提高树体的贮存营养 加强果园的土肥水管理，目的是培养健壮树体，提高花芽质量。注意果园土壤改良，增施有机肥，培肥地力。根据果园的实际情况和树势合理施肥，增施氮、磷、钾的合理配比和施用。秋施基肥，以有机肥为主；萌芽前追肥，以氮肥为主，配合施入磷钾肥；在幼果膨大期叶面喷施0.5%的尿素或磷酸二氢钾；萌芽前、花后、干旱和施肥后及时灌水，雨季注意排涝，越冬前灌一次封冻水。

(6) 延迟开花，采取综合措施，加强霜冻防治 杏开花较早，易遭霜冻危害。在最初建园时，园地不要选择低洼处和背阴处来栽植杏树；并且，在晚霜危害严重的地区，要选择开花晚的品种，并采取冬季重剪和夏季摘心的措施培养大量副梢果枝，使盛花期延迟数日以避免霜害；或者，也可在晚霜来临前点燃事先准备好的秸秆和落叶等杂物，使烟雾笼罩杏园，以减轻霜冻危害；此外，在开花前10天左右全园灌水，降低地温，可以推迟开花3～4天，以起到避免或减轻晚霜危害的作用。同时，合理修剪和花期喷施10倍的石灰乳，也可以起到延迟花期的在作用，从而避免晚霜危害。

100. 如何确定杏园的栽植密度？

新建杏园要考虑合理密植，而栽植密度是以各品种的生长特性，砧木类型，当地的地势、土壤、气候条件等几个方面而确定的，合理确定栽植密度可有效地利用土地和光能，实现早期的丰产和延长盛果期年限。一般说山地比平地密，薄地比肥地密，管理水平高的可适当密植。

杏树的栽植方式一般采用长方形栽植和等高栽植。长方形栽植的特点是行距大于株距，通风透光好，便于管理作业；等高栽植是按一定株距栽在一条等高线上，有利于水土保持，适于梯田等山地果园。

目前在生产中杏树主要有3种栽植模式：①株行距按照2米×4米左右，亩栽83株左右，采用自由纺锤形整枝；②株行距按照3米×4米左右，亩栽55株左右，采用小冠疏层形整枝；③株行距按照4米×4米左右，亩栽42株左右，采用自然开心形整枝。

其中，肥水条件和技术水平中等的地方，以亩栽55株（3米×4米）为宜；肥水条件较低的坡地或荒沙地，栽植密度可增加到83株（2米×4米）左右，但在杏园投产后，需加强肥水管理；肥水条件好、管理水平高的平地，为了获得早期丰产，栽植密度可增加到每亩111株（1.5米×4米）～167株（1米×

4米），后期再适当间伐。杏树栽植的密度可以根据立地条件以及自己的技术水平，采用适宜的栽植模式，以获得自己预期的效益。

101. 怎样提高杏栽植的成活率？

（1）园址选择 在最初建园的时候要注意选择土层深厚、通气性良好、有机质含量高的沙壤土或壤土的地方。最好在造林地附近育苗，就近移栽苗木成活率高。栽植前一年秋季，按规划在定植点上挖长、宽各1米、深0.8米的定植穴，将表土和心土分开堆放，穴底填入15厘米厚的碎秸秆，然后，将腐熟的优质农家肥与表土混合后，回填定植穴中，浇水沉实待植。

（2）选用优质壮苗 选合适当地的优良品种，苗高100厘米以上，基部粗0.8厘米以上，植株健壮，芽眼饱满，根系完整，无病虫害和机械损伤的苗木。实践证明，用大苗、壮苗造林成活率高，发枝旺，结果早。

（3）栽植与管理 叶芽开始膨大时及时起苗，栽植成活率高。定植时要扶正苗木，边填土边轻轻向上提苗，使根系充分舒展，栽植深度以苗木原土痕与地面持平为宜，踏实土壤，打好树盘，灌足水，并覆盖地膜，以保墒增温。栽植后及时定干，适时进行中耕除草、施肥浇水、病虫害防治、绑支架等管理，确保林木健壮生长，实现生态、经济效益双赢。

102. 如何预防杏树花期霜冻现象？

（1）选用抗寒品种，合理配置授粉品种 根据生产需求，尽量栽培耐寒力强及花期较晚的品种，以适应低温环境和避开霜期。授粉树与主栽树比例为1∶（4～5），主栽品种成熟期要一致，品种不宜超过3个，最好与授粉树互为授粉。

（2）选择适宜建园地点 选择背风向阳或半阴坡的斜坡上部

和顶部，春季温度上升较晚和冬季没有乍寒乍暖的地方建立果园。要求地势平缓、水肥条件好，不选谷地、盆地、低洼、沟槽地建园，这些地方由于早春冷空气对流和下沉，容易产生冷空气集结，形成平流和沉积霜冻，霜害严重。

（3）延迟发芽，推迟花期，减轻霜冻危害

春季灌水或喷水 在杏树发芽后至开花前灌输或喷水1～2次，可明显的延缓低温上升，延迟发芽，可推迟花期2～3天。

树干涂白 春季、冬季对树干涂白，能有效减少对太阳热能的吸收，可延迟开花期3～6天。通常情况下，当天涂刷后不遇雪水，则可保持半年以上不脱落。

抑蒸保温剂 在花蕾期和幼果期喷布浓度为60倍液，可防止大风及低温对杏花和幼果的伤害，还可提高坐果率50%～60%，但盛花期禁止使用。

增温剂 幼果期喷布叶面增温剂或磷脂钠，使用浓度为2%～10%。花前喷布高脂膜200倍液，可推迟花期1周左右。

生长调节剂 在幼芽膨大期喷洒500～2 000毫克/千克青鲜素，可延迟开花期5～6天。9月喷50毫克/千克赤霉素，能推迟落14～20天，使树体养分充足，花芽发育充实，提高抗冻能力。

（4）改善果园小气候

加热法 杏园内每间隔一定的距离放置一个电温扇，在霜冻来临前打开电温扇增温，一般可提高温度1～2℃。经实践，该方法是防霜较先进有效的措施。

熏烟法 适于花前、花期和坐果期，不受时间限制，是最传统的防霜冻措施。熏烟会形成大量的二氧化碳和水蒸气，在园地上方及树体周围形成烟幕，像给园地盖上很厚的一层棉被一样，可阻止地面热量散失，防止园内温度剧烈变化，使树体处于气温稳定的环境中，从而起到防止树体遭受霜冻的作用。

树盘覆草 早春用杂草覆盖树盘，厚度为20～30厘米，可使树盘缓慢升温，限制根系的早期活动，若结合灌水的话，效果更佳。

八、核桃

103. 我国核桃生产历史及销售状况如何?

核桃不仅有较高的食用价值，还具有一定的药用价值和生态价值，所以逐渐在全国范围内得到推广。我国是世界核桃生产大国，核桃的产销量均居世界前列。也是核桃的原产地之一，已有2 000多年的栽培历史。核桃种植的分布范围很广，南部除福建、广东、海南，北部除吉林、黑龙江之外，各省均有种植，垂直分布在海拔4 200米（西藏拉考县徒庆林寺内）到海拔－154米（新疆吐鲁番盆地）。中国核桃有三大栽培区域：一是西北，包括新疆、青海、西藏、甘肃、陕西；二是华北，包括山西、河南、河北及华东区的山东；三是云南、贵州。目前，我国核桃产量主要集中在云南、新疆、四川、陕西等几个省、自治区。

核桃的种植、加工主要采取“公司＋基地”“公司＋基地＋农户”以及“公司＋基地＋专业合作社＋农户”的经营模式，建立核桃种植基地，由农户来种植管理或基地统一种植管理。农民与核桃种植开发企业签订种植合同，使企业的核桃种植基地有足够的山地进行生产，为核桃产业的发展提供足够的原料。2016年，我国核桃产量为375.77万吨，按6元/千克收购价格计，2016年中国核桃产值达到225亿元。

2016年度，中国的核桃消费量约为247万吨，占全球核桃消费总量的54.66%。1995年全国核桃消费量只有21.42万吨，

21年间大约翻了11.5倍，年均增长量高达12%。从国内核桃人均年消费量来看，变化趋势与总量变化趋势基本一致，国内核桃人均年消费量呈逐年增长的趋势，从1995年的0.17千克到2016年的1.8千克，增长了10.5倍，年均增长率达到24%，与此同时，世界核桃人均消费增长率只有5.8%。与世界主要核桃生产国相比，高于美国的人均0.66千克，低于土耳其的3.1千克。

104. 生产中核桃分哪几种类型?

按核桃起源分类为新疆核桃、华北山地核桃、秦巴山地核桃、西藏高地核桃。按核桃的用途分为食用核桃、文玩核桃。按结实早晚分为早食核桃、晚食核桃。按取仁难易分为绵核桃、二性核桃、夹核桃。按核桃种壳薄厚分类为纸皮核桃类、薄壳核桃类、中壳核桃类、厚壳核桃类。

纸皮核桃类（壳厚1.0毫米以下）内褶壁膜质或退化，可取整仁，出仁率在60%～65%以上，是仁用价值较高的核桃类型；薄壳核桃类（壳厚1.1～1.5毫米）内褶壁隔革质或膜质，可取半仁或整仁，出仁率为50.0%～59.9%，是当前果用商品核桃的主要类型；中壳核桃类（壳厚1.6～2.0毫米）内褶壁革质或膜质，取仁较难，可取1/4或半仁，出仁率为40.1%～49.9%；厚壳核桃类（壳厚在2.1毫米以上），内褶壁骨质化的称“夹核桃”，只能取碎仁，出仁率在40%以下。

105. 近年来，生产中推广的薄壳核桃优良品种主要有哪些?

近年来生产中推广的薄壳核桃优良品种见表15。

表 15　薄壳核桃优良品种

品种	主要特点
辽宁 1 号	坚果圆形，单果重 9.4 克。壳面较光滑，色浅，壳厚 0.9 毫米左右。可取整仁，核仁重 5.6 克，出仁率 59.6%。侧芽形成混合芽达 90%以上。每雌花序着生 2～3 朵雌花，坐果率 60%以上。该品种树势强，树姿直立或半开张，分枝力强，极丰产，5 年生平均株产坚果 1.5 千克，最高达 5.1 千克，高接树 4 年生平均株产坚果达 2.1 千克。该品种适应性强，耐寒，适于北方核桃栽培区栽培
香玲	坚果长椭圆形，单果平均重 9.5～15.4 克，核壳厚 0.9 毫米，壳面较光滑，缝合线平，不易开裂。出仁率 53%～61.2%，可取整仁，核仁饱满；核仁含油率 65.58%，风味香甜。植株分枝力强，树势中庸，果枝率达 85.7%，侧芽果枝率 88.9%，以中短果枝为主，每果枝平均坐果 1.3 个，丰产性好。1 年生嫁接苗栽培 2～3 年即挂果。该品种对核桃黑斑病、核桃炭疽病有一定的抗性。适宜土层较深厚的立地条件栽培
元丰	早实，雄先型，单果重 11.1～12.8 克，壳厚 1.3 毫米，出仁率 46.25%～50.5%，仁脂肪含量 68.66%，蛋白质 19.27%，丰产，抗病
绿波	坚果卵圆形，三径平均值 3.6 厘米，单果平均重 12.0 克左右，壳面较光滑，缝合线略突起，不易开裂。核壳厚 1.0 毫米左右。可取整仁，核仁淡黄色，出仁率 54.0%～58.4%。植株树势中强，树姿开张，分枝能力强，枝条粗壮，果枝率 86%，每果枝平均坐果 1.6 个，连续结实能力强。可进行密、早、丰栽培。1 年生嫁接苗定植后 2～3 年开始挂果
薄丰	坚果卵圆形，纵径 4.2 厘米，横径 3.5 厘米，侧径 3.4 厘米。坚果重 13 克左右，最大为 16 克。壳面光滑，色浅；缝合线平而窄，结合较紧，外形美观，壳厚 1 毫米。内褶壁退化，横隔膜膜质，可取整仁。核仁充实饱满，颜色浅黄，重 6～7 克，出仁率 58%左右。核仁含脂肪 70%、蛋白质 24%，味浓香。嫁接苗 2 年开始结果，株产坚果 4 年生 4 千克，5 年生 7 千克，6 年生 15 千克

（续）

品种	主要特点
金薄香1号	果实长圆形，缝合线明显，纵径4.5厘米，横径3.81厘米，侧径3.61厘米，果形指数1.18，平均单果15.2克。壳厚1.15毫米，易取仁，出仁率60.5%。果仁乳黄色，单仁重9.2克。果肉乳白色，肉细腻，香味浓，微涩，品质上等
金薄香2号	果实圆形，纵径3.78厘米，横径3.95厘米，侧径3.61厘米，果形指数1.09。平均单果重12.3克，缝合线浅平，壳厚1毫米，仁重7.6克，出仁率61.7%，易取出整仁及半仁，果仁颜色较深。果肉乳白色，肉质酥脆，余味香，品质上等

106. 核桃砧木苗培育的关键技术是什么？

核桃育苗时应挑选生长饱满的核桃作种用。选好的核桃种子在播种前7～10天要进行浸种处理。处理时将选好的核桃种子用冷水浸泡，每天换水，浸泡2～3天后捞出，在阳光下曝晒1～2小时，然后再浸泡。经7～10天种子基本可全部裂口，此时即可播种。核桃种子可秋播，也可春播，秋播种子不需处理，一般在10月下旬至11月上旬播种为宜，在土壤封冻前，播种越早越好；春播的在土壤解冻后应适当迟播，迟播地温升高，发芽快，在中原地区一般在3月下旬播种为宜。核桃种子较大，通常采用开沟点播方法，一般沟距保持在30～50厘米，沟深5～8厘米，每隔12～15厘米点播1粒种子。播种时以缝合线和地面垂直为好，有利出苗。播后覆土5～7厘米为宜，过薄了土层易风干，影响出苗，过厚核桃易腐烂，不利出苗。

在核桃苗出土后，应采取前促后控的方法，加强田间管理，以培育健壮幼苗，利于嫁接。具体应抓好以下管理：

（1）及时除草 田间杂草生长，易与核桃苗形成争肥争水争空间矛盾，生产中应及时进行中耕除草，减少杂草对土壤水分、养分的消耗，保证核桃苗健壮生长。

（2）追肥浇水　在核桃出苗后到8月前，管理上应以促为主，进行多次追肥浇水，保证核桃苗生长，在追肥浇水时应注意按少量多次的原则进行。由于核桃幼苗期吸收能力较弱，每次施肥量不宜过大，随着苗的生长逐渐加大施肥量。初次追肥每亩施用尿素5千克左右为宜，最大施肥量控制在每亩10千克以内，最好趁雨施或施后浇水。

核桃为喜湿树种，苗期应保持田间湿润，土壤水分含量应达到田间最大持水量的60%～70%，干旱时应及时进行浇水补墒。

（3）摘心　当苗高30厘米左右时，要及时摘心，以限制加长生长，促进长粗，为嫁接创造条件。

（4）生长后期控水控氮　在8月后要注意控制氮肥和水的供给，以增加树体物质积累，提高树体抗性，以利安全越冬。

107. 核桃嫁接育苗的方法和技术要点是什么？

核桃嫁接方法与果树上常用方法大致相同，通常按接穗用途分为枝接和芽接两大类。各种接法很多，现将易掌握、好操作、成活率高、使用较广泛的两种介绍如下：

（1）枝接　适用于1～2年生的砧木，也适用于露地芽苗砧（子芽苗），子芽苗嫁接成活率优于大苗嫁接，是因为芽苗被切断嫁接后，基径部位迅速向粗发展，嫁接形成的愈伤组织活跃，很快将接穗包严，提高嫁接成活率。预留砧木嫁接部位不宜过高，过高增加抹芽工作量。

露地芽苗砧嫁接　当苗出土面20厘米以上，真叶还未发开、筷子粗时，就可坐地芽苗嫁接，嫁接方法常采用劈接（破头接）。具体操作是将芽苗切断，地面根基部高度保留3～5厘米长待嫁接用，高度不够时，可将芽苗基部的土扒开嫁接，更为理想。接穗大小都可以芽苗嫁接，一个接穗有一个饱满的芽就行，接穗削法，选择接穗较直的一面为削切面，削面要一面大一面小（即一面1/2、一面1/3），大面削口长3～3.5厘米，小面削口长2.5～3厘米。接穗大小削面要平滑，每个削面最好是一刀成功，一枝接穗3刀完成最佳。接穗削好后，在芽苗砧中央直破一刀与接穗削口长度大体相当，将接穗插入，接穗皮层要对准芽苗砧皮层，做到接穗一边的皮层和砧木一边的皮层密切结合。然后用塑料薄膜绑紧、封严。

大苗嫁接 适用于直径为1厘米以上的砧木。砧木越粗，操作越方便，嫁接成活率越高。嫁接时间宜选在3月中旬至4月上旬，惊蛰前后十天为最好，在嫁接前十天将砧木接口的上部剪掉放水，对于较粗壮的砧木还可采用切断主根，在砧木上（嫁接部位下）横切一至两刀，以减少伤流对嫁接成活率的影响。嫁接时要做到接穗一边的形成层和砧木一边的形成层密切结合，然后用弹性较好的塑料条将接口包严捆紧。

（2）方块芽接 方块芽接时期一定要在生长期，最好在5月下旬至6月中旬。要求砧木为1～2年生枝或当年生新梢。嫁接时，要求砧木切口与方块状芽片大小相同。将芽子放在双面刀刃，并用力下切，深达木质部。在芽子一侧，距芽0.3厘米左右，纵向切两刀，上下刀口相连接。形成长方形芽片，宽度1～1.5厘米，以不伤害芽为准。用刀片将右边撬开，取出芽片。取芽片以左右推转取芽为最好，尽量不强行接皮，确保芽与枝条间的“护芽肉”完整。芽片四周切口要整齐无毛茬。因为核桃芽体较大，在芽子与枝条相接处的维管束比较粗，取芽时容易将维管束从芽内取出，形成空洞，接后易死亡。

在当年生苗的光滑部位，半木质化处，用双刃刀横切一刀，深达木质部，长度与芽片相同。再从左边纵切一刀，深达木质部，与上下横切的两刀口相连接。由左向右撬开皮，打开皮门。将已切好的长方形芽片由左向右推入切口。再从右边纵切一刀取掉砧皮。

采用专用塑料条，宽 1.5 厘米左右，由下向上包扎。包扎时露出芽眼和叶柄，封严叶柄左右两边伤口，不能露气，并要扎紧绑牢。

108. 标准化核桃园应该怎样选址？

建园地点的气候条件符合计划发展核桃品种生长发育及其对外界条件的要求。土壤以具有良好的蓄水保墒能力，透气良好的壤土和沙壤土为佳，土层厚度应在 1 米以上，pH 北方核桃为 6.5～7.5，漾濞核桃为 5.5～7.0，地下水位应在地表 2 米以下。年降雨量在 500 毫米以下，干旱半干旱地区建园要有灌溉水源。年降雨量在 1 000 毫米以上，建园地点在平地、低洼盐碱地带，应建立排水排盐碱系统，为核桃正常生长发育创造良好的条件。建园所在地土地相对宽裕，建园用地符合我国基地农田保护制度的政策要求，能够解决林粮争地矛盾。无环境污染，能够避免工业废气，污水及过多灰尘所造成的不良影响。前茬树种为非柳树、杨树、槐树、桃树和核桃生长过的地方。核桃病虫危害程度低，具有较高的商品率，核桃采收期过多的降雨对产品质量的影响能够通过人工措施得到有效控制。此外，建园地点的交通运输条件，技术力量及产、供、销情况等综合条件也应在园地选择时予以考虑。

109. 标准化核桃园应该怎样规划？

核桃标准化建园，园地规划设计的主要内容指建园规模、地块数量、土地整修、治理和土壤改良工程设计、建园类型、密度、方式、作业区划分、道路规划、排灌系统设置、品种配置、栽植方式等。在风沙较大区域规划设计还应包括防护林的设置。

建园规划设计要编绘规划图纸、年度计划、苗木需求、工程设计、设施设备购置、劳力组织及投资预算、表册和规划设计说明书。规划设计应根据下列要求进行。

作业区的划分一要适应集约化的基本要求，同一作业区内的土壤和气候条件应基本一致。建园规划要到村、到户、到地块，要有利于产业管理部门对工作进度和任务完成情况进行核查验收。建园类型、苗木品种必须明确。不仅符合因地制宜、适地适树的原则，而且能够满足增强市场竞争力，有利于推进规模化生产、产业化经营。标准化园无论是集中连片，或是间作型，在规划设计中，道路系统的安排、排灌系统的设置、栽植方式的确定等，必须有利于机械化管理和提高劳动生产率。标准化园的生长量、产量和产品质量等技术和经济指标符合国家有关标准规定的要求。

110. 标准化核桃园建园技术要点是什么？

核桃建园栽植核心是提高成活率和保存率，关键是为新植苗木成活保存创造有利的环境和条件，要求是“栽实苗正、根系舒展”，标准是成活率达95%以上，保存率达90%以上，方法是“三埋两踩一提苗”。具体步骤是：

(1) 修根蘸浆、增墒保墒 核桃苗木定植前，应对根系进行检查，将根系达不到标准的苗木和合格苗木进行分类，尽最大可能地避免将不合格苗木定植。对合格苗木要进行修根；对伤根烂根应进行剪除，对过长和失水的茎根也应进行疏除或短截；修根完成后，将苗木放在水中浸泡10～12小时，使根系充分补充水分；风量较大和气候干燥的地区，定植前应对苗木根系进行蘸浆，蘸浆所用的泥土可适当搅拌磷肥和保水剂，也可使用生根粉。

核桃栽培时期分为春栽和秋栽。北方个别区域冬季极端气温低于−25℃以上，冻土层较深，不宜采用秋栽。大部分核桃产区无论春栽或秋栽，主要是根据当地气候条件，以土壤墒情优劣为确定能否进行栽植的主要参考和依据。抢墒栽植能够达到事半功倍的目的。

(2) 栽正栽实、根痕平齐　"三埋、两踩、一提苗"是指第一次埋土、提苗后再对回填土进行踩实；第二次第三次先埋后踩。主要目的是通过分层、分次回填、踏踩，使定植苗木根系不仅舒展而且与土壤结合紧密。悬根漏气和窝苗是当前影响核桃栽植成活及栽后正常生长发育的主要问题。悬根的原因是回填时没有做到分层回填、分层踩实，使空气通过土坑空隙蒸发苗木根系水分，造成漏气伤苗；窝苗主要原因是栽植时害怕根系失水，使苗木根痕比地面低 5 厘米以上，由于根系太深致使呼吸困难，通气性太差使栽后苗木成活率较高，但生长缓慢、发育不良。

(3) 浇水覆膜，巩固成果　标准化建园巩固栽植成果的主要技术措施是栽后要及时进行浇水和覆膜。栽后浇水俗称"封根水"，通过浇水不仅能显著增加苗木根系土壤墒情，而且浇水后由于产生沉淀作用，也可以使土壤与苗木根系结合地更加紧密。

我国北方地区春季风大，空气湿度小，抢墒栽植和栽后浇水还不足以确保缓苗期土壤墒情持续良好。通过覆膜既可保墒，又能提高地温，促使新栽幼苗根系恢复和生长，对于巩固栽植成果意义和作用重大，应大力应用和推广。覆膜一般要求采用规格 1 米×1 米的农膜。农膜四周用土盖严实，并减少土壤截光面，膜中与苗木用土封盖，并略低于外侧，以利降雨从膜中下渗到苗木根系补充水分。同时在夏季高温到来前应及时覆膜进行复查，避免农膜互相缠绕导致对根颈部的酌伤。

111. 核桃建园当年管理关键技术有哪些？

建园当年，新建幼苗处于成活和根系恢复阶段，加强栽后管理，确保幼苗幼树健壮生长安全越冬是一项主要的工作。

核桃幼树期间作套种是提高土地利用率的一项有利措施。但是间作套种必须处理好与主业的关系，标准化建园栽植地块应避免在小麦地进行，否则小麦收割后幼苗幼树因"感冒"会大量死亡；建园后进行间作，也应禁止套种高秆作物和宿根系药材，间作以薯类、豆科植物为最佳；间作套种必须在树行留足 1.5 米营养带，以确保间作物不与幼苗幼树争水、争肥、争光。

栽植当年幼苗幼树很容易被杂草掩盖，尤其是 6、7、8 月幼树高生长期，也是杂草疯长时期，加强管理，及时松土除草，避免草荒是促进苗木生长、保障建园成效的一项主要的管理内容。

采用嫁接苗建园，由于定干等措施的使用，很容易造成嫁接部位以下砧木萌发新芽，如不及时检查、及时发现，新生萌芽不仅浪费营养，抑制嫁接部位以上生长，而且可能导致嫁接部分以上死亡，产生不可挽回的损失。及时复查除萌是一项重要工作内容。

春季萌芽展叶后，应及时进行成活情况检查，发现未成活情况，及时补植。核桃新建园，要达到成园整齐，可按苗木等级和生长情况进行合理定干。定干分当年定干和次年定干两种方法，当年定干要求苗高均在 1 米以上，且生长健康，苗木定干部分充实，定干高度根据建园要求可控制 0.4～1.2 米。次年定干是苗木大部分高度未达到定干要求，可在嫁接部位以上 1～2 个芽片处进行重短截，短截后要在发芽时及时定芽，一般情况下只要水肥充足，管理得当，第二年均可达到定干高度。

北方寒冷地区，幼树越冬易因生理干旱而抽条，幼树越冬管理应采用压土埋苗，整袋装土，涂抹油料，缚绑报纸或塑料等措施，降低水分蒸腾，避免冬季冻害和抽条发生。

112. 高接换种关键技术要点是什么？

高接换种中应选树龄小于 15 年的核桃树，副侧枝、主头和侧枝为高接主要部位，砧桩横断面应在 8 厘米以下，高接前 7 天左右进行 1 次彻底浇水，为后期管理工作的有效开展做准备。落叶后至发芽前是接穗采集的最佳时期，若接穗采集在冬季进行，则应实施有效的蜡封处理，将蜡液装入深筒状容器中，蜡液温度应保持在 90～100 ℃，接穗剪成后，两端应快速蘸取蜡液，并将多余的蜡液甩掉。值得注意的是，必须快速进行蘸蜡操作，严禁过厚的蜡附着在接穗表面，蜡过厚易发生脱落。封蜡后，应将接穗进行冷藏，冰柜的温度应控制在 0～5 ℃。一般情况下，接穗的采集应尽量在春季核桃树发芽前进行。

嫁接方法可采用劈接或插皮接。若砧木横断面在 2.5 厘米以下，嫁接过程中，具体方法如下：砧木中间用刀削出一个劈口，深度 5 厘米并处于垂直状态，切割接穗的两端，形成 2 个楔形，内侧薄于外侧，再将削面快速插入砧木劈口，两者之间的紧密度对成活率具有直接影响。插皮接，选择光滑无疤的砧木表面，用刀垂直划下，深度通常为 1.5 厘米，沿着刀口的方向将两边的树皮分开，随后用刀在接穗上削出 1 个 4～5 厘米的斜削面。斜削面的斜下方应构建一个小斜面，长度为 0.5 厘米，在砧木皮内插入接穗，削面伤口应有一部分露在外边，通常为 0.5 厘米左右，此时露白的接穗处可以实现愈伤组织的粘连，为提升其愈合能力和成活率奠定良好的基础。

113. 高接换种嫁接后关键技术要点是什么？

（1）抹除萌蘖　嫁接后，砧木上会萌发大量幼芽，应及时对其抹除，避免水分和养分的流失，未成活的接芽，可以保留 2 个萌芽，其余的全部抹除。

（2）适时摘心　核桃树在接芽成活后会持续生长，当其达到 25～30 厘米时，骨干枝应以新梢为基础，并控制其他枝条，当产生 35～50 厘米的骨干枝时进行摘心，将重心下移，避免劈裂现象。

（3）绑支柱和适时松绑　新梢长出后，应进行绑支柱操作，确保树枝不被风吹折；新梢长度达到 30 厘米以上才可以绑缚，严禁过紧捆绑影响枝条的生长。65 天后，可以去掉接穗、砧木上的薄膜，严禁过早去掉薄膜，对嫁接成活率造成不良影响。

(4) 病虫害防治 种植者应定期观察核桃树，一旦发现云斑天牛、小吉丁虫、白粉病、枝枯病等病虫害，应及时选用适宜杀菌剂、杀虫剂进行防治。例如，白粉病防治过程中，可选用600倍液的77%可杀得可湿性粉剂、2 000倍液的15%三唑酮可湿性粉剂，实施交替防治。

(5) 及时修剪 核桃树成活后，新梢会快速生长，此时需进行科学的夏管冬剪管理，为构建良好的树形做准备。通过科学管理，第2年秋季的高接换种树，其产量及树势才可以彻底恢复。

114. 核桃园土壤管理技术要点是什么？

幼龄核桃园，尤其是在定植后的五六年内，为了促进幼树生长发育，应及时除草和松土。凡间作的果园，可结合间种作物的管理，进行除草。未间作的果园，可根据杂草的发生情况，每年除草3～4次。有条件的可采用机械翻耕除草或使用除草剂。常用的除草剂有伏草隆、盖草能、草甘膦和西玛津等，灭草效果均较好。松土，可在每年夏、秋两季各进行一次，其深度为10～15厘米，夏季可浅些，秋季则深些。

成龄核桃园的土壤管理，主要包括翻耕熟化及水土保持两部分。土壤翻耕，是改良土壤的重要措施。翻耕可以熟化土壤，改良土壤结构，提高保水保肥能力，减少病虫害，进而达到增强树势、提高坚果产量与质量的目的。

土壤翻耕的方法，包括深翻和浅翻两种。深翻，适用于平地核桃园或面积较大的核桃梯田。在土壤条件较好或深耕有困难的地方，可采用浅翻，于每年春、秋季进行1～2次，深度为20～30厘米。山地核桃园，由于地面有一定坡度，水土流失较严重，故必须采取有效的水土保持措施。具体的水土保持措施，主要有修梯田、挖鱼鳞坑等，各地可因地制宜地进行。

115. 核桃园施肥技术要点是什么?

早实核桃施肥量应高于晚实核桃的施肥量。1～10年生树每平方米冠幅面积年施肥量为：氮肥50克，磷肥20克，钾肥20克，农家肥5千克。成年树的施肥量，可根据具体情况，参照幼年树的施肥量来决定，并注意适当增加磷、钾肥的用量。

按照施肥时期的不同，施肥方式有基肥和追肥两种。基肥主要以迟效性农家肥为主，可在春、秋两季进行，以早施效果为好。可在采收后到落叶前完成。对提高树体营养水平，促进翌年花芽的继续分化和生长发育，均有明显的效果。

追肥是对基肥的一种补充，主要是在树体生长期中施入。以速效性肥料为主，如复合肥等。一般每年进行2～3次。第一次追肥，是在核桃开花前或展叶初期进行，以速效氮为主。主要作用是促进开花坐果和新梢生长。追肥量应占全年追肥量的50%。第二次追肥，在幼果发育期（6月），仍以速效氮为主。促进果实发育，减少落果和促进新梢的生长与木质化，以及花芽分化，追肥量占全年追肥量的30%。第三次追肥，在坚果硬核期（7月），以氮、磷、钾复合肥为主，主要作用是供给核仁发育所需的养分，保证坚果充实饱满。此期追肥量占全年追肥量的20%。此外，有条件的地方，可在果实采收后追施速效氮肥，其作用是恢复树势，增加树体养分贮备，提高树体抗逆性，为翌年的生长结果打下良好的基础。

核桃园常用的施肥方法有放射状施肥、环状施肥和叶面喷肥等。放射状施肥是对5年生以上幼树较常用的施肥方法，具体做法是，从树冠边缘的不同方位开始，向树干方向挖4～8条放射状的施肥沟，沟的长短视树冠和肥料种类及数量而定。环状施肥常用于4年生以下的幼树。施肥方法为：在树干周围，沿着树冠的外缘，挖一条深30～40厘米、宽40～50厘米的环状施肥沟，将肥料均匀施入其中并埋好。基肥可埋深些，追肥可浅些。叶面喷肥是一种经济有效的施肥方式。其原理是通过叶片气孔和细胞间隙，使养分直接进入树体内。具有用肥少，见效快，利用率高，而且可与多种农药混合喷施等优点，对缺水少肥地区尤为实用。

116. 核桃园水分管理技术要点是什么？

我国北方产区年降水量多在500毫米左右，且分布不均，常出现春夏干旱，需灌水以补充降水不足，需水较多的几个时期如下：

(1) 萌芽前后（3～4月） 核桃开始萌动，发芽抽枝，此期又正值北方地区春旱少雨时节，故应结合施肥进行灌水，称为萌芽水。

(2) 开花后和花芽分化前（5～6月） 雌花受精后，果实迅速进入速长期，其生长量约占全年生长量的80%。到6月下旬，如干旱则就及时灌水，以满足果实发育和花芽分化对水分的需求。尤其在硬核期（花后6周）前灌一次透水，以确保核桃仁饱满。

(3) 采收后（10月末至11月初） 落叶前，可结合秋施基肥灌一次水。此次灌水增加冬前树体养分贮备，提高幼树越冬能力，也有利于翌年春季萌芽和开花。此外，封冻前如能再灌一次封冻水，则对树体过冬更为有利。

117. 核桃整形修剪要点是什么？

核桃树形要根据土壤条件和栽植密度选择，常用疏散分层形和自然开心形，密植园可采用自由纺锤形和细长纺锤形。疏散分层形树形中心干明显，全树有主枝6～7个，分2～3层排列，一般第1层3个，第2层2个，第3层1～2个，树冠呈半圆或圆锥形，适于土壤肥力好的稀植树。

疏散分层形树形的幼树整形修剪技术包括：①定干：根据品种特性、土层厚薄、肥力高低等确定定干高度；早实核桃比晚实核桃树体较小，主干可矮些，定干高度 0.8～1.2 米，立地条件好的 1～1.2 米。②选留主枝：早实核桃分枝多，经 1～2 年完成第 1 层主枝的选留，基部三主枝临近着生，避免轮生造成“掐脖”现象，层内距 20～30 厘米；栽植 3～4 年后选留第 2 层主枝，层间距 1 米，第 2 层间距 0.8 米；各层主枝上下错开，插空选留，以免重叠，基部三主枝间水平夹角 120°左右，主枝基角 55°～65°，腰角 70°～80°，梢角 60°～70°。③选留侧枝：第 1 层主枝上各留 2 个侧枝，第 2 层主枝留 1～2 个，第 3 层主枝上不留侧枝，同序次侧枝应在主枝同侧选留，避免互相干扰；第 1 侧枝距中心干 80～100 厘米，第 2 侧枝距第 1 侧枝 40～60 厘米，侧枝着生于主枝斜侧为好，与主枝的水平夹角 45°～40°，侧枝忌留背下枝。

118. 不同年龄时期核桃修剪技术要点是什么？

初果期树继续培养主枝、侧枝和结果枝组，利用辅养枝早结果，扩大结果部位。①控制二次枝：1 个旺结果枝抽生 3 个以上二次枝时，选留 1～2 个较壮的，夏季对其摘心；抽生 1～2 个较旺二次枝时，夏季轻短截，培养成结果枝组。营养枝的二次枝未木质化时，疏除过旺且影响其他枝生长者。②利用徒长枝：早实核桃枝条基部潜伏芽易萌发徒长枝，第 2 年能抽生 7 个以上结果枝，它们由上而下生长势逐渐减弱，第 3 年中、下部小果枝多干枯脱落，出现光秃节，致使结果部位外移，因此利用徒长枝可采取抑前促后的方法，春季萌芽后短截或摘心，对直径 3 厘米左右的枝，发芽前后拉成水平状，使其生长势变缓，形成结果枝。③疏除过密枝：由于早实核桃分枝多，枝量大，易造成树冠内部枝条过密使通风透光不良，要及时疏除细弱过密枝。④处理好背下枝：主枝背下枝萌发早、生长旺、竞争力强，易造成原枝头变弱，甚至枯死，应及早剪除；若原枝头变弱或分枝角度过小时，剪除原枝头或培养成结果枝组，利用背下枝代替原枝头；若背下枝长势中庸且已形成腋花芽，可保留结果，结果后在适当分枝处回缩，培养成小型结果枝组。

盛果期核桃树营养生长逐渐变弱，树冠开张，外围枝增多，内膛通风透光不良，小枝易干枯，结果面积开始减少，易出现大小年结果现象。此时修剪以保果增产，延长盛果期为目的，剪除密生的细弱枝、干枯枝、重叠枝、下垂枝、病虫枝，增加树冠的通透性，改善光照条件，促生充实健壮的结果母枝和发育枝。对内膛抽生的健壮枝条尽量保留。逐年疏除过密大枝，剪锯口要削平。

119. 核桃花果管理技术要点是什么？

早实核桃幼树开花结果的第 2、3 年只形成雌花，雄花形成很少或不形成，所以结果初期花而不孕现象比较突出。进入盛果期，授粉不良易导致大小年现象，为提高坐果率，有必要进行人工授粉。于核桃雄花盛花期从健壮树上采集发育成熟、基部小花开始散粉的雄花序，放在温度 16～20 ℃、通风干燥的室内摊开晾干。当花药颜色变黄时，筛出花粉，装入瓶中，置于 2～4 ℃的冰箱内，其萌芽力可以保持 2～3 周。根据雌花开放特点，授粉的最佳时期为柱头呈倒八字形张开，分泌黏液最多时（一般 2～3 天），此后授粉效果显著降低。授粉时用双层纱布袋装上按 1∶10 稀释的花粉，在树的上风头抖动。也可配成花粉水悬液进行喷雾，配制方法是在水中加入 5%花粉、10%蔗糖、0.2%硼酸。花粉液中加入 200 倍 PBO 不但可以提高坐果率，而且还有防止花序遭受晚霜冻害的作用。

成龄核桃树的雄花多于雌花几倍乃至几十倍，远远超出授粉需要，雄花的发育消耗树体大量的水分和养分，大量雄花芽的发育影响当年的坐果和花芽分化，因此，把雄花芽数量控制在合理范围内，显得十分重要。疏雄原则上越早越好，雄花序开始膨大时为疏除的最佳时期。据试验，疏雄从 4 月 6～7 日即可开始，此时人工掰除 90%～95%雄花序，将雌雄花序之比控制在 1∶(30～60)。据试验，严格疏雄可增产 41.6%～47.5%，雄花芽很少的植株或初结果幼树可不疏雄。早实核桃子房发育到 1～1.5 厘米时，应疏除多余幼果。一般每花序留 2～3 个果，尽量使果实在树冠内分布均匀。每平方米树冠投影面积留 60～100 个果。

120. 核桃病虫害防治技术要点有哪些?

核桃病虫害及防治见表 16。

表 16　核桃主要病虫害及防治措施

病（虫）害名称	主要症状	防治措施
核桃腐烂病	该病是由真菌引起的。病菌随病树越冬，翌年早春树液流动时，孢子被外力传播，从伤口侵入，一般每年有 2 个发病高峰期，特别是 4～5 月表现较重。主要危害核桃枝干，发病初期在树皮表层形成梭形暗灰色斑点，如果用手挤压，能够流出泡沫状液体，并且伴有酒糟味溢出。湿度加大就会涌出橘红色胶质物质，病情严重时，会从皮层纵裂处流出黑水。这些流淌出来的黑水，常常糊在树干上，油黑发亮，像涂上一层黑漆	加强果园管理，科学修剪，要将下垂枝、老弱枝、病枝剪除，保持良好的透风透光。及时发现病原体，采取刮治的方式，将病斑清除。刮除病斑一般在春秋季进行，刮治的范围要控制适当，比变色组织大一点即可。刮口呈菱形，要保持刮口平整，做到“刮早、刮小、刮了”。在采用刮除方式时，要在刮口喷施 50%甲基硫菌灵可湿性粉剂 30～40 倍液，或涂抹腐必治加过氧乙酸 50 倍液。另外，树干涂白也可以进行有效防治腐烂病，就是在冬季到来之前，用生石灰、硫黄粉、食盐、植物油、清水，按照 10∶1∶1∶0.1∶20 的比例配制，均匀涂抹在核桃主干和主枝基部
核桃黑斑病	由真菌引起的病害，主要危害核桃幼果、叶片和嫩枝。病菌发病后，也是由外及里开始腐烂，造成幼果大量脱落、嫩枝、叶片枯萎，严重影响核桃产量	农业和物理防治，及时清除病枝病叶病果，减少病菌传染源。采取农药防治要抓住有利时机，核桃发芽前要喷施 3～5 波美度石硫合剂，在核桃展叶时，喷施波尔多液防治

（续）

病（虫）害名称	主要症状	防治措施
核桃炭疽病	主要危害核桃果实，能够引起果实落果，有些种仁干瘪，病斑形成凹陷，而且呈现众多黑色小点，潮湿加大，小黑点会呈现粉红色	主要是增施有机肥，增强树势，提升抗性。发病时，要采取农药防治的方式，可以喷施95%乙膦铝800倍液，或10%双效灵300倍液
核桃举肢蛾	又叫核桃黑。成虫昼伏夜出，活动异常猖獗。白天多栖息在核桃叶子背部和一些杂草丛中，晚上出来交尾产卵，每只雌虫能够产卵30～40粒，卵期一般为4～5天。幼虫孵化后迅速蛀入核桃果实中，幼虫侵害果实，容易造成果皮皱缩变黑，也会造成果实早落果。第1代幼虫危害果实30～40天，到7月上旬，这些举肢蛾会咬破果皮，进入土层结茧过冬。第2代幼虫出生时，核桃果实已经外壳硬化，这些幼虫只能危害果皮，到8～9月脱离果实入土结茧越冬	及时清除越冬的虫源，可以选择深耕深翻树冠下的土壤，清除杂草和其他灌木，消灭越冬虫蛹。还可以采取人工的方法摘除病树上的被害果实，清除落果。农药防治可以选择成虫羽化前，在树干周围喷施40%辛硫酸或40%毒死蜱200倍液，杀灭越冬虫蛹。也可以在成虫盛期喷药杀灭，一般5月开始，每隔10天喷施1次，清除黑核桃、绝杀举肢蛾、全能等1 000～1 500倍液，连续喷施3～4次，将幼虫消灭在蛀果之前
核桃桑白蚧	又叫桑顿介壳虫，也是核桃的重要害虫之一。主要危害核桃新梢、枝干和果实，不仅可以造成大量减产，还会造成整个核桃树的枯死	果园注意多施用磷钾肥，少施用氮肥，合理密植，注意修剪，特别是清除枯死的病虫枝条，并集中烧毁。对于严重果园，可以采取人工灭虫卵的方式。农药防治主要用蚧杀特800～1 000倍液喷洒树干，或选用速扑杀、水胺硫磷、蚧脱等

121. 核桃周年管理要点是什么？

1～2月 休眠期，整修地堰、修筑树盘。防治介壳虫、腐烂病。清除枯枝落叶，集中烧毁。备肥，温床嫁接。

3月 萌芽期，刨树盘冻死越冬虫卵。春灌作畦。检查沙藏处理的种子。温床嫁接。防治病虫。

4 月　萌芽展叶期，播种育苗。未层积处理的种子浸泡裂口后播种。温床嫁接苗移植管理。大田直接培育嫁接苗。疏雄。防小吉丁虫及枝枯病。

5 月　开花坐果期，高接树放风、除萌、绑支撑。苗圃地土肥水管理。防治金龟子等食叶害虫。刮治腐烂病。地面药剂封闭处理，防治举肢蛾出土成虫。疏花、疏果及保花保果。

6 月　新梢生长、果实膨大期，树冠喷药防治举肢蛾。砸卵、捕成虫防治云斑天牛。采穗圃摘心、摘除花果。芽接。大树追施氮、磷肥。浇水、中耕除草。高接树解绑、除萌。

7 月　果实硬核、花芽分化期，地面撒药杀举肢蛾脱果幼虫。摘拾病虫黑果，集中销毁。根颈部刨土晾根、施药、药球堵塞虫孔，防治横沟象、芳香木蠹蛾、云斑天牛。树上喷药防治木撩尺蠖、刺蛾。追施磷钾肥。割青、压青、灌水。

8 月　核仁充实成熟期，防举肢蛾、刺蛾、天牛、横沟象、木蠹蛾。高接树松绑，防缢伤，苗圃土肥水管理。

9 月　果实成熟期，选种采收、脱青皮、漂洗、晾晒、分级、坚果贮藏。整形修剪。施农家肥。

10 月　叶片变黄期，整形修剪。垦复扩盘，施基肥。防大陆浮尘子，用 1 000 倍的氧化乐果或 3 000 倍的敌杀死。

11 月　落叶期，起苗、分级、假植、越冬保护。深耕园地、灌水。采接穗，蜡封伤口。贮藏接穗。

12 月　休眠期，清理园地，深翻改土，施肥、冬灌。修筑树盘。

九、枣

122. 我国枣树生产的现状如何？

枣是原产于我国的具有重要利用价值的果树树种之一，在我国有3 000多年的栽培历史，世界上99%以上的枣产于中国。我国是枣的主产国，除朝鲜、俄罗斯等少数国家有小规模栽培，世界多数国家多作庭院树种和资源保存。

我国现有枣栽培面积约500万～600万亩，年产红枣8.0亿～10.0亿千克。在三大干果（枣、核桃、板栗）中，枣的产量占首位。在我国，根据气候、土壤、品种特性和栽培管理情况，枣树的分布可划分为南北两大枣区。北方枣产区与南方枣产区的分界线大致与年均15℃等温线吻合，年降水量在650毫米以内，其包括淮海、秦岭以北的地区，该产区枣树品种资源丰富，类型复杂，果实干物质多，含糖量高，适合制干。南方枣产区土壤多呈酸性和微酸性，年均温度高，年降水量大，枣品种数量少，品质一般不如北方，多用于加工蜜枣。我国枣主产区为河北、山东、山西、河南和陕西五省；南方的江苏、湖北、湖南、广西、安徽和浙江，西北的甘肃和新疆，东北的辽宁，以及北京和天津等地，也都有一定的栽培。

123. 枣的营养价值及功效有哪些？

枣果营养丰富、用途广泛，素有“木本粮食”之称，是深受消费者喜爱的营养滋补果品。据分析，干制红枣每100克含碳水化合物 50.3～86.9 克，蛋白质 3.3 克，脂肪 0.4 克；此外，还含有钙、磷、铁等人体不可缺少的矿物质。鲜枣含糖 25%～35%，干枣含糖为 60%～75%；每 100 克鲜枣含碳水化合物 23.2 克，蛋白质 1.2 克，脂肪 0.2 克。枣果肉还含有丰富的维生素，如维生素 C、胡萝卜素、维生素 B、维生素 P，尤其是维生素 C，每 100 克鲜果中高达 380～600 毫克，约为苹果的 80 倍。枣既可入药，又是滋补佳品。枣果除鲜食、制干外，还可加工成蜜枣、糖枣、水晶枣、醉枣、枣罐头、枣酒、枣酱、枣汁、枣香精等。

枣是著名的高营养滋补果品，长期以来是市场上不可缺少的商品之一。枣果中含有丰富的营养物质。作为传统的滋补佳品，红枣一直是我国干果市场中重要的商品，备受消费者喜爱。另外，枣花粉中含有丰富的氨基酸、维生素及矿质元素，枣花蜜是上等的滋补品。枣也是重要的药用果品，具有重要的医疗价值。现代医学研究表明，枣对气血不足、贫血、肺虚咳嗽、神经衰弱、失眠、高血压、败血病和过敏性紫癜等均有疗效。枣树浑身是宝。枣果具有补脾和胃、益气生津、解药毒之功效，可治胃虚食少、脾弱便溏、气血津液不足、营卫不和、心悸怔忡和妇人脏躁等病；枣核可治臁疮、走马牙疳；枣树皮具有收敛止泻、祛痰镇咳、消炎止血之功效，可治痢疾、肠炎、慢性气管炎、目昏不明、烧烫伤和外伤出血等；枣叶可治小儿时气发热和疮疖；枣树根可治关节酸痛、胃病、吐血、血崩、月经不调、风疹和丹毒等病；枣木心性甘、涩、温，有微毒，主治中蛊腹痛、面目青黄。酸枣仁味甘、酸，性平，有养肝、宁心、安神、敛汗之功能，可治虚烦不眠、惊悸怔忡、津少口干和体虚多汗等病。

124. 枣树的种类有哪些？

枣品种的分类方法尚不统一，一般按下列方法分类：

(1) 按地区分类 一般以年平均气温 15 ℃等温线为界，把我国的枣划分为南北两大生态型。北方枣区包括秦岭、淮河以北地区。南方枣区指淮河、秦岭以南地区。

（2）按果实大小和形状分类 按果实大小可分为大枣及小枣两大类。大枣树体高大，树势强健，生长旺盛，耐瘠薄，且适应性强。如婆枣、赞皇大枣、骏枣、壶瓶枣等。小枣一般树势较弱，树冠小、果实也小，品质比较优良。如金丝小枣、鸡心枣、无核小枣等。

按果实大小与果形相结合可分为：①小枣型：果实个小，有扁圆形、长圆形、圆形、鸡心形等，一般肉质致密，味甜，品质上等，其对栽培技术要求较高，栽培集中，较好管理；②小长枣型：果实长圆形或圆柱形，树势强健，耐瘠薄，抗逆性强；③圆枣型：果实圆形或近圆形，树势强，适应性强，丰产性较好；④扁圆型：树势中等，适应性强，较丰产；⑤缢痕枣：在果实上有明显缢痕，果实有大小之分，品质不一；⑥宿萼枣：果实基部萼片宿存，果实圆柱形，中等大小，树势强，品质中等。

（3）按用途分类 按果实用途可分为四大类：①制干品种：可制干成红枣（原枣），制干品种核小肉厚，汁少含糖量高，制干率高；②鲜食品种：皮薄、肉质脆、汁液多、味酸甜；③兼用品种：此类品种可鲜食、制干也可制蜜枣；④蜜枣品种：果大且整齐，肉厚质松、汁少、皮薄、含糖量低、细胞间空室较大；⑤此外，在枣的品种中，还有供观赏用的龙须枣、三变色等。

125. 我国枣生产中主要优良品种有哪些？

我国有各类枣品种700余个，其中制干品种224个（如金丝小枣、婆枣、圆铃枣、相枣、宜滩枣、无核小枣等）、鲜食品种261个（如冬枣、临猗梨枣、鲁北梨枣、孔府酥脆枣、中牟脆丰等）、蜜枣品种256个（如宣城尖枣、宣城圆枣等）、兼用品种

159个（如赞皇大枣、灰枣、板枣、敦煌大枣等）。栽培数量较大的品种达100多个。金丝小枣、婆枣、中阳大枣、长红枣、灰枣、扁核酸7大品种的产量可占全国总产量的50%以上。

126. 枣嫁接育苗的关键技术有哪些？

（1）砧木培育 常用的嫁接砧木为酸枣。苗圃要选择土壤肥沃的沙壤土，北方做低床，南方多做高床。苗圃应深翻、耙平，之后施入基肥。选择成熟充实的果实，搓去果肉，将核晾干，于11～12月进行沙藏处理；也可用破壳机将种核打破，将种仁选出，播前处理。播种一般采用条播，沟深3厘米，播后镇压。砧木培育以宽窄行为宜，也可用40厘米等行间距播种。种仁每亩播2～3千克，种核每亩播13～15千克，播种多在地温回升到12℃时进行。播后10天左右，幼苗相继出土，随后破膜，让幼苗出膜，当幼苗长至3～4片真叶时，按12～15厘米的株距间苗，根据土壤墒情及时浇水、追肥、防治病虫。

（2）嫁接前的砧木处理和接穗准备 在嫁接前7～10天，对苗圃地进行一次中耕、施肥、浇水等工作。春季枝接前，将砧木距地面10厘米以上剪掉，并将多余的枝杈、根蘖去掉，准备嫁接。对砧木粗度要求为：枝接砧木地径不小于0.5厘米，芽接不小于0.4厘米。

春季枝接，要选用1年生节间较短，生长充实的发育枝。穗条上的芽常用一次枝上的芽，也可用生长充实的二次枝上的芽。冬、春季修剪时剪下的接穗，按品种捆好，每根穗条3～5个接芽，贮藏在低温、湿润的环境中。接穗应进行封蜡，目的是使接穗减少水分蒸发，从嫁接到成活可保证接穗的生命力，同时不需要埋土和复杂的包装，大大减少了嫁接的工序。

（3）嫁接 劈接是各地最常用的嫁接方法，嫁接最适宜的时期是发芽前后。接穗用发育枝或较粗壮的结果基枝（二次枝），每个接穗带1～2个芽即可。在砧木近地面处（3～5厘米）剪砧，然后进行嫁接。插入接穗时，注意露白0.3厘米，以利伤口愈合。插入接穗后，用塑料条将接穗和砧木捆紧，同时要把伤口绑严，以保持伤口的湿度。对于没有蜡封的接穗，也可以用薄塑。

127. 如何建立一个标准化枣园？

（1）园址选择 枣树喜光，宜栽植于地形开阔、日照充足的地方。排水良好，渗透性强，通气性好，水位较高的沙土或沙壤土，最适合枣树的栽培。通气性差、土质黏重板结的地块不宜栽种枣树。

（2）枣园规划 枣园规划应力求做到“两高一优”（高产、高效、优质），便于集约化管理和采收。品种应选用适合当地气候条件的优良品种和传统名优品种。园地规划的内容，主要包括作业区的划分、道路及排灌系统的安排、防护林及枣园建筑物的规划等。

（3）品种选择 结合市场需求选择合适的品种；适地适栽；品种优良；多样化与规模化有机统一。

（4）栽植密度 在北方平原地区管理水平较高的条件下，枣树栽植密度一般为生长势强的品种，株距3米，行距4米；生长势中等的品种，株距2～3米，行距3～4米；生长势弱的品种，株距1～3米，行距2～3米。枣粮间作园，一般株距3米，行距10～15米。

（5）栽植方式 山地丘陵枣园一般可采用三角形栽植或等高栽植，梯田枣园可采用长方形栽植，平原枣区多采用长方形栽植，枣粮间作园还可采用双行栽植方式。

（6）栽植时期 我国淮河、秦岭以南的地区，从枣树落叶到第二年萌芽前的整个休眠季，都可以栽植；在淮河、秦岭以北，北纬40°以南地区，从10月下旬落叶到11月下旬土壤封冻前，以及3月上旬土壤解冻后到4月中旬枣树萌芽前，都可栽植。

（7）苗木处理 为提高栽植成活率，可以在栽植前对苗木用ABT生根药液进行浸根处理。

（8）规范化栽植技术 一般栽植穴深60～80厘米，宽、长各80～100厘米；栽植沟深60～80厘米，宽80～100厘米，长度依具体情况而定。

栽植穴或栽植沟挖完后，在其中施入腐熟的圈肥，每亩施入量为4 000～5 000千克，同时加入化学氮肥和磷肥，每亩施入尿素10～20千克，过磷酸钙27.5～55.5千克。

栽植沟、穴内的土要踩实。在栽树时，要将栽植穴、沟底部的土做成馒头形，以利于根系伸展。栽植深度要适宜，一般以保持苗木在苗圃地的原有深度为准。填土时，先填表土，后填心土，最后整平树盘。

（9）栽后管理 栽植完毕后，随即用水灌透，沉实土壤。水渗入后，及时修整树的营养带。营养带宽1米，上盖1平方米地膜，以提高地温，保持湿度。同时要注意以下几方面：及时补充水分、除萌、检查成活率及补栽、防治病虫、追肥、摘心、冬季防寒。

128. 枣园土壤管理的方法有哪些？

枣园土壤管理模式是指对枣树株间和行间的地表进行管理的方法。合理的土壤管理模式，有利于维持良好的土壤养分和水分供给状态，促进土壤结构的团粒化和有机质含量的提高，防止土壤和水分的流失，保持适宜的土壤湿度。常用的枣园土壤管理方法如下：

（1）清耕法 即在枣园内，除枣树外，不种植任何其他作物，并利用人工除草的方法清除地表的杂草，保持土地表面的疏松和裸露状态的一种耕作方法。其优点是，可以改善土壤通气性和透水性，促进土壤有机物的分解，增加土壤速效养分的含量；防止土壤水分蒸发；减少杂草对养分和水分的竞争。其缺点是长期清耕，会破坏土壤结构，使土壤有机质迅速分解而含量下降，导致土壤理化性状恶化；地表温度变化剧烈；加重水土和养分的流失。

(2) 生草法 指在枣园内除树盘外，在行间种植禾本科、豆科等草类的土壤管理方法。分永久性生草和短期生草两类。永久性生草，是指在枣树苗木定植的同时，在行间播种多年生牧草，定期刈割，不加深翻。短期生草，是指选择1～2年生的豆科或禾本科的草类，逐年或隔年播于行间，在枣树花前或秋后刈割。生草法的优点是能保持和改良土壤理化性状，增加土壤有机质和有效养分的含量；防止水土和养分流失；改善枣园地表小气候；降低土壤管理成本，有利于机械化作业。其缺点是：草类根系密度大，截取下渗水，且消耗表层氮，导致枣树根系上浮；长期生草易使表层土壤板结，影响通气，且造成草类与枣树的养分与水分争夺。

(3) 覆盖法 指利用各种材料，如作物秸秆、薄膜、砂砾和淤泥等，对树盘、株间甚至整个行间进行覆盖的方法。其优点是可以防止土壤水土流失和侵蚀；改善土壤结构和物理性质；抑制土壤水分的蒸发；调节地表温度；抑制杂草生长；防止返碱；积雪保墒；增加土壤有机质含量和有效态养分；促进枣树的吸收和生长。其缺点是容易招致鼠害和虫害，长期覆盖还容易使根系上浮，在土壤水分急速减少时容易引起干旱。

(4) 免耕法 指对土壤不进行耕作，主要利用除草剂防止杂草危害的一种耕作方法。其优点是可以保持土壤的自然结构，土壤的渗透性、保水力与通气性较好；无杂草，能减少土壤养分、水分的消耗；有利于枣园机械化管理；节省劳力和成本。这种方法适用于土层深厚，土质较好的枣园。其缺点是土壤有机质会逐渐减少。

（5）清耕覆盖法 这种方法，是在枣树最需要肥水的前期保持清耕，而在雨水多的季节间作或生草覆盖地面，以吸收过剩的水分和养分，防止水土流失，并在雨期过后、旱季到来之前，刈割覆盖物，或沤制肥料。清耕覆盖法既结合了清耕、生草、覆盖三者的优点，又在一定程度上弥补了三者各自的不足。

目前，我国枣区枣园土壤管理仍然以清耕法为主，建议在有条件的地区大力推广覆盖法、生草法和清耕覆盖法，提高枣园土壤管理水平。

129. 枣树如何合理施肥？

枣园施肥主要以基肥、追肥、叶面喷肥为主。

（1）基肥 基肥是完全肥，是全年施肥的主体，是供给枣树生长发育的基本肥料。施用基肥，可提高土壤肥力，改善土壤结构，促进土壤微生物的活动，增加树体的贮藏营养，为枣树生长和结果奠定良好的物质基础。

基肥种类 其种类有各种家畜、家禽肥、圈肥、厩肥、人粪尿、堆肥、绿肥、饼肥、河塘泥、草木灰等。

施肥时期 从枣果成熟期至土地封冻前均可进行，以枣果采收后早施为好，北方枣区一般在10月上中旬。如秋季未施基肥，要在来年春季土壤解冻后尽早补施，春施基肥可配合一些速效磷肥，以利早发挥肥效。

施肥方法 主要有沟施（环状施肥、放射沟施、轮换沟施）、撒施和穴施。

施肥量 盛果期大树、树势较弱的树、结果多的树、土壤肥力较低、肥料质量较差的应适当多施，反之可适当少施。

（2）追肥 追肥又叫“补肥”，是在枣树生长期间，根据枣树各物候期的需肥特点，利用速效性肥料进行施肥的一种方法。

追肥种类 常用的追肥种类有碳酸氢铵、硝酸铵、尿素、磷酸二铵、复合肥、腐熟人粪尿等。

追肥时期 一般一年需追肥三次。萌芽期追肥（4月上旬）、花期追肥（复合肥、磷酸二铵、腐熟人粪尿等）、果实膨大期追肥（磷钾肥为主）。

施肥方法 磷肥（包括过磷酸钙、磷灰石粉、骨粉等）应混入堆肥、圈肥等农家肥中施用，施磷肥的时候深度要深浅兼顾，一般为20厘米左右。氮、钾素肥料施肥时可以开10厘米左右的浅沟施入，或在树冠下挖10余个坑穴施入，覆土后浇水。

施肥量 发芽期和开花期，以氮肥为主，结果大树，株施速效氮肥0.5～1千克。果实发育期，以速效氮磷钾复合肥、果树专用肥、腐熟人类尿为宜，结果大树株施复合肥1～2千克，或腐熟人粪尿30～50千克。

(3) 叶面喷肥 叶面喷肥又叫根外追肥，肥料吸收快，利用率高，且简单易行，见效快，但肥效持续时间短，不能代替土壤施肥，只能作为一种土壤施肥的补充。

喷肥种类 常用的肥料为磷酸二氢钾、过磷酸钙、草木灰、硫酸钾、氯化钾等。

喷肥时期 叶面喷肥在枣树展叶后至落叶前均可进行。喷施时间应选择无风天气，上午9时以前或下午4时以后进行。

喷肥方法 叶面喷肥可连续喷布多次，每次间隔7～15天。喷雾要均匀，尤其叶背面要多喷，因为叶背比叶面气孔多，吸收量大。

喷肥量 叶面喷肥所需肥料种类和施用量，因物候期不同而异。展叶至花期，以氮肥为主，一般可喷0.3%～0.5%的尿素；果实发育期，以磷钾肥为主，一般可喷0.2%～0.3%磷酸二氢钾，每半月喷一次，氮肥和磷钾肥各喷2次；果实采后再及时喷一次 0.4%的尿素，以延缓叶片的衰老，提高光合产物，增加树体营养物质的积累。

130. 枣树如何合理灌水?

（1）灌水时期 枣树在生长季对水分的要求是比较多的。北方枣区应搞好以下主要时期的灌水。

催芽水 北方一般在 4 月上中旬萌芽前进行催芽灌水。该期灌水，可促进根系生长，有利于萌芽及花芽的分化，有利于提高开花质量，促进坐果。

花期水 花期水分不足则授粉受精不良，坐果率明显降低，且“焦花”现象严重，造成大量的落花落果。北方枣区，6 月上旬进入盛花期，初花期对枣园浇水，或者盛花期对树冠喷水，可增加土壤及空气湿度，有利于花粉萌发，增加坐果率。

促果水 在 7 月上旬的幼果迅速生长期，结合追肥进行灌水，可促进细胞的分裂和增长，这是果实肥大的基础。此期水分不足，同样会使果实的生长受到抑制而减产，并降低枣果的品质。

上冻水 秋施基肥后，在土壤结冻前灌水，一般称为上冻水。灌足上冻水，不仅可以提高枣树的抗寒能力，而且对翌年枣树的生长和优质丰产，也大有好处。

（2）灌水方法 目前在我国主要有地面灌溉（如分区沟灌、盘灌、穴灌等）、喷灌和滴灌等。有条件的枣园，应使用滴灌或微喷技术；没有条件的，要用水龙带引水沟灌。为了节约用水，提高水的利用率，可在灌溉或下雨后，及时对全园覆盖地膜，以减少灌水次数。

（3）灌水量 上述各个时期的灌水量，每次不宜过大，应以浇透根系主要分布层（含水量达到田间最大持水量的 65%～75%）为宜，灌水后要及时松土、保墒。一般成龄结果枣树的浇量以每株150～200升为宜。

131. 枣病虫害防治技术要点有哪些？

枣树主要病虫害及防治措施见表17。

表17 枣树主要病虫害及防治措施

病（虫）害名称	发病时期	发病部位	发病特征	防治措施
枣疯病	主要集中在6月	叶，花，果实	叶片黄化，小枝丛生，花器返祖，果实畸形，根皮腐烂	选用抗病品种；铲除病株；防治传病昆虫；选育无病苗木和加强检疫
枣锈病	7～8月	主要侵害叶片	叶片初期出现淡绿色斑点，进而呈灰褐色，并向上凸起，最终叶片脱落	加强枣园管理，栽植不宜过密；7月上中旬喷200～300倍石灰多量式波尔多液或25%三唑酮2 000倍液
枣缩果病	6月下旬至9月下旬	果实	果肩出现黄褐色斑点，果皮出现水溃状，变为暗红色，后脱水收缩，果实瘦小，味苦	及时清除枣园病果和烂果；加强虫害防治工作；花期和幼果期，喷洒0.3%的硼砂或硼酸
枣炭疽病	7月下旬至9月初	果实	果肩部初变淡黄色，后变为黄褐色斑块，圆形病斑，中间凹陷	清洁枣园残留的越冬枣吊；增施有机肥和磷、钾肥；8月上中旬枣果白熟期喷75%百菌清800倍液，或50%果病灵500～800倍液
枣褐斑病	8～9月	果实	果肩出现不规则色斑，病部稍有凹陷或皱褶，病果呈黑褐色	清洁枣园；6月下旬开始，喷50%毒菌威可湿性粉剂800～1 000倍液或50%退菌特600～800倍液
枣裂果病	8～9月	果实	果面纵向或横向裂开一条长缝，果肉稍外露；果肉发软	合理修剪；8月上中旬开始喷施生石灰100倍液
枣霉烂病	8～9月	果实	肉发软、变褐，有霉酸味	采收时尽量减少枣果损伤

（续）

病（虫）害名称	发病时期	发病部位	发病特征	防治措施
枣瘿蚊	5月上旬至8月上中旬	嫩叶、花蕾和幼果	叶片筒状弯曲，变硬发脆，呈紫红色，花萼膨大，枯黄脱落	深翻树盘；幼虫危害初期及时喷布80%敌敌畏乳油800～1 000倍液
盲蝽	4月中下旬至5月上中旬	幼芽、嫩叶和花蕾	幼芽枯落；嫩芽、嫩叶出现不规则的孔洞；叶片破碎多孔	春季萌芽前铲除杂草，清除田间残枝；枣树发芽期，严密喷布菊酯类农药3 000倍液2～4次
枣黏虫	3月上中旬至5月上旬	花蕾、叶片、果实	叶片出现大小缺刻；枣花枯死	黑光灯诱杀成虫；发芽期喷洒2.5%溴氰菊酯2 000～3 000倍液或10%氯氰菊酯2 000～3 000倍液
枣尺蠖	3月上中旬至5月上旬	嫩芽、叶片、花蕾	叶片出现大小缺刻；严重者花蕾、嫩芽脱落	冬季深翻枣园或挖树盘；4月下旬至5月上中旬喷布2～3次75%辛硫磷800～1 000倍液，或喷布2.5%溴氰菊酯3 000倍液
枣叶壁虱	6月上旬至7月上旬	叶、花和幼果	叶片基部和沿叶脉部分呈现灰白色，叶片加厚变脆，蕾、花变褐色、干枯脱落；果实出现褐色锈斑	展叶后及时喷布1～2次杀螨剂；5月下旬喷布20%螨死净或20%扫螨净2 000倍液
龟甲蚧	6月下旬至8月中下旬	叶片、果实	叶面和果面出现一层黑霉，造成大量落果	6月下旬至7月上旬喷2次2.5%溴氰菊酯或5%高效氯氰菊酯约3 000倍液；秋季落叶后，用刷子或木片刮刷除去越冬雌成虫
桃小食心虫	7月下旬至9月中下旬	果实	蛀果孔流出点状胶质，形成凹陷褐色斑点，被害果容易脱落	结合冬季挖树盘，翻动树干周围1米范围内的土壤；7月上旬至8月下旬，喷施2.5%溴氰菊酯乳剂2 000～3 000倍液
红蜘蛛	6月中旬至8月中下旬	叶片、花蕾和果实	叶片出现淡黄色斑点，并有一层丝网粘满尘土，后渐变焦枯；花蕾脱落；果实失绿脱落	冬季刮除老翘树皮；成虫危害高峰期喷杀螨利果2 500～3 000倍液

132. 枣树有哪些树形？

目前生产上枣树树形主要有自然圆头形、主干疏层形、开心形、Y形、扇形、柱形和篱壁形等。各种树形的特点如下：

（1）自然圆头形 这种树形是根据枣树在自然生长状态下的树形改进而来的。树体高大，没有一定层次，主枝为6～8个，在主干上错落排开。每个主枝上着生2～3个侧枝。主要特点是成形快，通风透光良好，产量高，品质好。适用于生长势较强的品种和稀植枣园。

（2）主干疏层形 也称疏散分层形。全树有主枝6～8个，分2～3层。第一层有主枝3～4个，第二层有主枝2～3个，第三层有主枝1～2个。主枝基角为50°～60°。每主枝配备侧枝1～3个。第一、第二层间距离为70～100厘米，第二、第三层间距离为40～60厘米。

该树形的特点是成形快，产量高。树冠呈圆锥形，骨架结构牢固，负载量大，主枝分层，通风透光好。该树形适合栽培密度较小的中密度枣园和稀植枣园。适用于发枝力较弱，干性强、层性明显的品种。

（3）开心形 树体结构特点是在树干上部着生3～4个主枝。以50°左右角向四周伸展，无中心干，呈开心形。每个主枝的外侧着生侧枝2～3个，结果枝组均匀地分布在主侧枝的前后左右。

树体较矮小，树冠小，通风透光良好，结果枝组配备较多，所以结果枝较多，叶面积系数较大，前期产量高。该树形适于萌芽力较强、分枝较多的品种。

（4）Y形 是目前密植栽培枣园推广的主要树形之一。树冠矮小，通风透光好，单株产量较小，但群体产量较高，早期效益好。树体结构特点是：在树干上部着生两个主枝，两个主枝斜伸向行间，枝基角为40°～60°。每个主枝均匀着生2～3个结果枝组。

(5) 扇形 全树有主枝3～5个，均匀向两个相反方向生长。其树形扇面，可与行向垂直，也可有一定角度，主枝上基本不留侧枝，直接培养结果枝组。此树冠小，受光面积大，早期产量高，果实品质好。适于密植枣园的整形。

(6) 柱形 其主要树体结构特点是树体小，没有明显的主枝，在主干上直接培养结果枝组，主干保持直立，下部枝组较大，上部较小，全株有8～10个枝组。适于生长势较弱、多年生枝结果能力强的品种，是密植园整形修剪常用的树形之一。

133. 枣树整形修剪的要点有哪些？

枣树整形修剪是枣树丰产栽培中一项重要的技术措施。整形在树体结构形成之前进行，修剪则贯彻枣树生长中，两者是互相联系的，整形是通过修剪完成的。

枣树修剪按修剪时间划分为生长期和休眠期修剪。

(1) 休眠期修剪 即冬季修剪，一般在枣树落叶后到来春发芽前进行。北方偏冷地区，由于怕冻害一般在早春萌芽前进行，其他地区则在整个休眠期均可进行。

疏枝 将过密枝、分叉枝、重叠枝、枯死病虫枝等多余的枝条从基部疏除，以利于通风透光，集中营养，促进生长和结果。疏枝要求剪口平滑，不留残桩，以利愈合。

回缩 也叫缩剪。是把生长势衰弱、枝条过长、弯曲下垂枝条、生长相互交叉的枝条、辅养枝或结果枝组、影响骨干枝生长的枝条，在适当部位短截回缩，以抬高枝角，促发新枝，增强树势。回缩时要注意剪掉剪口下二次枝，以刺激隐芽萌生枣头。

短截 是把1年生枣头或其着生的二次枝的一部分剪去。剪口下1～3个二次枝同时留1厘米剪掉，以刺激二次枝基部隐芽萌发枣头。短截程度视枣头生长强弱而不同，一般剪去枝条的

1/3 左右。枣头强不短截。

刻芽 在需要抽生主侧枝的枝条的主芽或隐芽上方 1～2 厘米处横刻一刀（刻半圈或 1 圈），深达木质部，刺激该芽萌发，以达到培养主侧枝的目的。刻芽时期以萌芽前后为宜。

缓放 对留作主、侧枝延长枝用的当年生枣头不加剪截。缓放可以使枣头继续延伸生长，有利于扩大树冠，增加枣股数量。

落头 枣树生长达到要求高度后，可在树体上部适当部位将顶端延长头落下。这样可以控制树体高度，改善树冠内部的光照条件。

（2）生长期修剪 即夏季修剪，一般在枣头长出 5 厘米左右开始进行，一般在 4 月下旬开始。

抹芽 即在枣树萌芽后，及时抹除当年萌发不久的、没有利用价值的枣头。目的是减少枝量以节省养分，提高花芽分化质量和坐果率，同时减轻以后修剪的工作量。

拉枝 对角度小、生长直立和较直立的枝条，借助于铁丝、绳子或木棍等物，进行撑、拉、别等手法，改变骨干枝角度，从而改变枝条生长势，改善树体结构。

摘心 即在枣树生长季节摘除新生枣头顶端嫩梢的一部分。枣树摘心的时间一般在 6 月中旬前后枣树盛花期，待枣头枝长到 5～7 节时就开始。当枣头枝上的二次枝长到 3～5 节时，也要进行摘心。摘心可阻止枣头延长生长，有效地调节树体营养。

扭梢 即在生长季，对于生长角度欠佳的当年生枣头，拧转至水平方向或向下方向。调整其生长势，培养小型结果枝组。

除根蘖 树干基部萌生的枝条，如果不作育苗用，要及时清除掉，以免营养的消耗影响植株的正常生长和结果。

开甲或环割 生长季在主干或骨干枝基部剥去一圈皮在枣上称为开甲。“开甲”的实质就是截流营养。实践证明在半花半蕾期，开甲效果最好。开甲一定要选在晴天进行，最好在开甲后 48 小时之内不见到大雨，否则对甲口愈合不利。一般初开甲树甲口的宽度为 0.6 厘米，壮树 0.5 厘米，老树 0.4 厘米，弱树 0.3 厘米。

134. 枣花果管理技术要点是什么？

枣是多花树种，分化的花量远远超过结果能力，但是坐果率很低，在较好的栽培管理条件下，多数产量较高的丰产树，坐果率也仅有 1%～2%。然而，由于多种原因，我国多数枣园的结果达不到这样的水平，因此，提高枣花坐果率成为枣树早实高产稳产的重要工作。

（1）保花保果

加强综合管理，改善树体营养 ①加强土肥水管理：施足基肥，盛果期树按斤果斤肥的水平于采果前施入腐熟的有机肥，幼树根据树体大小按每株 5～10 千克标准施足基肥；4 月中旬结合灌催芽水，每亩冲施碳酸氢铵 50 千克，促进萌芽抽枝，加速叶幕形成，为制造和积累营养创造条件；灌水后及时中耕除草，松土保墒。②注重整形修剪：合理的修剪可使枝条布局合理，改善树体的通风透光条件，提高光合效能，促进花芽分化，提高坐果率。③加强病虫害防治：造成落花落果的病虫害主要是枣瘿蚊、枣叶壁虱、红蜘蛛等，应加强监测及时防治，以达到保叶保果、增强树势的目的；冬季应及时树干涂白，防止兔、鼠危害和冻害发生。

重视夏季修剪措施，调节营养分配 ①发育枝摘心、短截：枣树生长季，对花前或初花期发育枝进行摘心、短截，其目的是抑制花期和锥形果期枝叶、根系等营养器官的生长，减少有机养分消耗，调节树体的营养分配、运转，提高花、果的供养水平，满足开花坐果、幼果生长必需的有机养分。②环状剥皮：在盛花初期或花后落果高峰前环剥树干，切断韧皮部，阻止光合作用产生的有机养分向根部输送，提高有机营养向花果的供应，这一措施对提高坐果率十分明显，也是实现幼树早期丰产和大树稳产的有效措施之一。

创造良好的授粉条件 ①配置授粉树：大多数枣树品种都能单性结实和自花结实，但也发现通过异花授粉能显著提高坐果率。②花期放蜂：花期放蜂，可很好地改善授粉条件，使坐果率提高1倍以上。枣园放蜂要注意：一是蜂箱间距以250米左右为宜，均匀地放在枣园内；二是放蜂期间严禁使用菊酯类等对蜜蜂剧毒农药。③花期浇水和喷水：开花前7～10天或盛花末期大量落花后的幼果期，若土壤干旱，应及时浇水。④喷施赤霉素：赤霉素使用时间以盛花初期最为有利，一般在全树多数结果枝开花5～8朵时喷布一次便能使坐果量达到丰产要求。赤霉素不能直接溶解于水，使用前先用少量的95%酒精将赤霉素溶解，再配成所需要喷施的浓度。⑤叶面喷肥：花期叶面喷施0.3%的尿素、硼砂、硫酸亚铁、硫酸锌、高锰酸钾等，在一定程度上均可达到提高坐果率的效果。

(2) 疏花疏果及合理负载 留果标准一般是强壮树平均每枣吊留1～2个果，中庸树平均每枣吊留1个果，弱树平均每2个枣吊留1个果。保持枣树强健的树势，防止因过量消耗养分，造成树体衰弱、抗病能力下降。

(3) 果实管理技术 ①防止采前落果：防止采前落果，喷布萘乙酸效果十分明显，使用方法是在白熟后期和果实成熟前10～15天各喷1次50×10^{-6}～70×10^{-6}浓度的萘乙酸或萘乙酸钠溶液。喷布时要求果面、果柄全面着药，延缓果柄离层细胞解体的时间，使果实达到正常的成熟度再采收。喷萘乙酸后对果实品质无不良影响。②防止裂果：裂果多发生在果实开始着色变红到完全变红的脆熟期，多为9月上中旬开始着色的中熟品种前期花形成的果实。防止裂果的主要措施：一是从7月下旬开始，每隔15天喷一次3克/千克氯化钙水溶液，直到采收，或8月中下旬果面喷50～100倍的石灰水液；二是8月上旬到9月上旬遇旱灌水，土壤含水量稳定地保持在12%～14%，可通过覆膜、覆草或秸秆的方法减少冠下水分蒸发，并及时排水防涝，使土壤含水量保持稳定，可大大降低裂果率；三是容易裂果的品种可在白熟期及时采收加工，以避免裂果造成损失；四是选栽抗裂果的优良品种。

135. 枣的采收关键技术有哪些？

采前搞好栽培管理和病虫防治，合理施肥，控制果树的合理负载量，有利于延长枣果采后的贮藏寿命，增加枣果内钙的含量。在采前15天对树冠及枣果喷布1 000倍的甲基硫菌灵及0.2%的氯化钙溶液，还可喷150倍的高脂膜，可防止霉菌感染，增强抗病性；采前5～7天停止灌水，遇大雨应推迟几天采收；采收不能采用传统的打枣方法，应采用人工采果。一般选择天气晴朗的早晨采收。

136. 枣周年管理要点是什么？

12月至次年2月（休眠期） 刮树皮，涂白堵洞防治枣黏虫、红蜘蛛等越冬害虫；进行冬季修剪；清理枯枝、落叶、病果，集中烧毁；浇越冬水。

3月（休眠期） 结合接穗采集，继续进行整形修剪；喷石硫合剂，预防病虫害；清除枣疯病树和疯枝；补施基肥。

4月（萌芽期） 春栽枣树；枣树嫁接和高接换种；抹芽；苗木出圃；酸枣播种育苗，枣树根蘖苗归圃育苗；枣园间作物和绿肥播种；防治食芽害虫。

5月（枝叶生长和初花期） 叶面喷肥；中耕除草；苗圃和间作物管理；树上喷药防治枣步曲、枣黏虫、枣瘿蚊等害虫；激素控长。

6月（盛花期） 夏季修剪；保花保果；苗圃追肥浇水。

7月（幼果期） 根外追肥；激素促果；防治桃小食心虫；中耕除草。

8月（果实发育期） 白熟期枣果采收加工蜜枣；喷药防治桃小食心虫、枣锈病、枣黏虫等病虫害；白熟期枣果采收加工蜜枣；天旱浇促果水；中耕除草，沤压绿肥。

9月（果实成熟期） 防止采前落果；采收枣果，根据采收目的选择合适的采收时期；捡拾地面被危害的落地果；主干和主枝基部绑草把，诱集枣黏虫老熟幼虫；间作物收获。

10月（果实成熟期和落叶期） 晚熟品种的采收，耐藏鲜食品种的保鲜贮藏；制干品种晾晒，烘烤干制加工；秋施基肥，秋耕枣园；秋栽枣树。

11月（休眠期） 清洁枣园；主干、主枝束草；枣园和苗圃浇越冬水；苗木出圃。

十、大樱桃

137. 我国大樱桃产业的发展现状及前景如何？

大樱桃又称西洋樱桃或甜樱桃，原产于西亚及欧洲东南部。于19世纪末20世纪初引入我国，历经多年发展，面积逐渐扩大。据中国园艺学会樱桃分会数据统计，2015年我国甜樱桃种植面积约300万亩，产量约80万吨。由于大樱桃冬季休眠需7.2℃以下低温在900～1 400小时，我国长江以南绝大部分地方不能满足这一条件，所以大樱桃以江北栽培为主，西南高地有少量发展。总体上我国大樱桃在布局上呈现低纬度高海拔、高纬度低海拔分布态势，初步形成了山东、辽宁、陕西三大产区，河南、安徽、江西、河北、甘肃、新疆、山西、北京、四川、重庆、云南、贵州、青海等多省（直辖市）局部有所发展的产业布局。

（1）栽培范围和生产规模不断扩大 随着现代设施栽培技术的不断完善，现代化贮藏运输业的快速发展，大樱桃的栽培范围不断扩展，生产规模持续扩大，大樱桃生产的普及进程不断加快。

（2）现在贮藏运输业的迅速发展为大樱桃的发展提供了机遇 近年来，我国的高速公路网络已经初步建成，海路和空中运输四通八达，贮藏技术有了较大的提高，这为大樱桃的贮藏运输提供了保证。各地政府大力扶持培育优势产业，其中一个主要的标志是兴建了大批现代化的贮藏运输龙头企业，有效缩短大樱桃从果园到市场的转运时间，减少了生产损失。

（3）先进栽培技术的推广为大樱桃产业的发展提供了充分的保障 通过不断地探索，大樱桃建园难的难题逐步破解，大大提高了建园质量。在我国长期实践探索和科学研究中，建立起一套高产稳产、优质高效的生产技术，为大樱桃产业的发展奠定了雄厚的技术基础。

（4）大樱桃深加工产业不断完善 大樱桃皮薄味美，营养丰富，但上市时间仅有月余而已，这种时令性很强的特性一直限制住大樱桃产业的发展。近年来，随着大樱桃深加工研发力度的加大，大樱桃深加工行业呈现多样化发展，对于大樱桃的需求量逐年上升。即增加了大樱桃产业的经济效益，又解决了鲜果贮运、销售的难题。

（5）丰富的品种资源为大樱桃产业的发展提供了有利的条件 我国经过长期的生产栽培及引种选育，大樱桃的品种资源已经十分丰富，省时省力品种越来越多。如我国先后引进的斯坦拉、斯塔克、艳红、拉宾斯、新星等品种，管理省工、产量稳定、品质好、抗晚霜危害，极大简化了栽培管理技术。

138. 大樱桃的营养价值有哪些？

大樱桃被誉为“水果中的钻石”，其根、枝、叶、核、鲜果皆可入药。果实有调中益脾之功，对调气活血、平肝去热有较好疗效。另外大樱桃还有促进血红蛋白再生的功效，对贫血患者有一定的补益。据分析，每百克大樱桃可食部分中，含碳水化合物12.3～17.5克，其中糖分11.9～17.1克，蛋白质1.1～1.6克，脂类0.3～0.5克，有机酸1.0克，灰分0.6克，其中大半为钾，还含有10～29毫克钙，0.3～1.4毫克铁，以及多种维生素，如胡萝卜素（为苹果含量的2.7倍）、维生素C、维生素B_1、维生素B_2和烟酸等。

大樱桃经济价值高，经济寿命20年以上。大樱桃果实发育期短，其间很少打药，管理简便，有效降低种植成本；大樱桃果实色佳味美，被誉为水果之冠，除鲜食外，大樱桃还可以加工成樱桃汁、樱桃脯、糖水樱桃、樱桃酒、樱桃酱、什锦樱桃等20

余种产品，鲜果及加工制品深受市场消费者欢迎，产品供不应求。大樱桃树姿秀丽，花朵繁茂娇美，果实红似玛瑙，黄如凝脂，璀璨晶莹，玲珑诱人，是园林绿化和庭院经济的良好树种。

139. 当前我国大樱桃的主栽品种有哪些？

当前我国大樱桃主栽品种见表18。

表18 大樱桃主栽品种

品种	来源	主要特点
大紫	苏联	树势强健，幼期枝条较直立，萌芽率高；果实呈阔心脏形，紫红色，缝合线较明显，果梗中长而细；果皮较薄，易剥离，不易裂果，果肉浅红色至红色，质地软，汁多，味甜；成熟期不一致，可分期采收；耐寒性强，是优良的授粉品种；但丰产性差，果肉软，不耐贮运
红灯	大连农科所培育	树势强健，长势旺，幼龄期半开张，1～2年生枝直立粗壮。果实呈肾脏形；果皮紫红色，富光泽、艳丽；果肉较硬，酸甜可口；半硬肉，味较淡，较耐贮运；采收前遇雨则有轻微裂果
佐藤锦	日本	树势强健，树姿直立；果实中大，短心脏形；果面黄色底上着鲜红色，色泽美丽；果肉白色，带鲜红色，核小，肉厚；酸味少，酸甜适度；果实耐贮运，丰产；适应性强，在山丘地砾质壤土和沙壤土栽培，结果良好
那翁	欧洲	树势强健，幼树枝条生长较直立，结果后长势中庸，树冠半开张；萌芽率高，果枝中等；果实呈心脏形或长心脏形；果顶尖圆或近圆；果形整齐，果梗长，不易与果实分离，落果轻；果实乳黄色，阳面有红色晕，有大小不一的深红色斑点，富光泽；果皮较厚，果肉浅米黄色，致密、脆嫩，味甜微酸；生长适应性强，果实耐贮运；花期耐寒性弱；果实成熟期遇雨较易裂果
烟台1号	烟台芝罘区农林局培育	生长习性和那翁相似；果面有点，果肉脆而硬；果汁较多，极甜；果核小，可食部分多；幼树结果晚，自花授粉能力低
雷尼	美国华盛顿州	树势强健，枝条粗壮，节间短；果个大；果实呈心脏形；黄色底上富鲜红色晕，果肉无色，质硬，鲜食和加工兼用

（续）

品种	来源	主要特点
滨库	美国	树势强健，树冠大，树姿开张；枝条粗壮直立，分枝力弱；果实大，宽心脏形，深红色至紫红色；果梗粗；果皮厚而坚韧；果肉厚，浅红色，肉质硬脆，果汁多，酸甜可口，品质上等，核小，离核；耐贮运
先锋	加拿大哥伦比亚	果实大，肾脏形；紫红色，色泽艳丽；果实皮厚而韧；果肉玫瑰红色，肉质肥厚、硬脆，汁多，酸甜可口，品质佳，可食率高；裂果少；需异花授粉；是一个极好的授粉品种
美早	美国	树势强健，早果高产稳产；果柄短粗；果皮鲜红；果肉酸甜硬脆，淡黄色；不易裂果；自花结实力较高；耐贮运性强
萨蜜脱	加拿大	树势强健，高产；果实个头大，果皮紫红色，果肉较硬，口感较甜；异化授粉品种，裂果率较低，耐贮运性强
早大果	乌克兰	树势强健，结果早，丰产早；果实个头特大；果皮颜色深红；果肉紫红较硬，甜且汁多；异花授粉品种；不易裂果，贮运性强
拉宾斯	加拿大	树势强健，丰产稳产；果实较大，果皮紫红色，果肉硬脆多汁，口感酸甜有涩味；自花授粉品种，裂果轻，耐贮运性较强

140. 大樱桃有哪些砧木可选择？

国内外用做大樱桃砧木的种类、品种甚多，目前，我国应用的砧木主要种类或品种见表19。

表19 常用各种砧木及其特点

品种	主要特点
大叶草樱桃	叶片大而厚，叶色浓绿，分支少，枝粗壮，节间长，根系分布深，毛根少，粗根多，嫁接大樱桃后，固地性好，长势强，不易倒伏，抗逆性较强，寿命长，是大樱桃的优良砧木

（续）

品种	主要特点
莱阳矮樱桃	树体紧凑矮小，仅为普通型樱桃树冠大小的2/3；树势强健，树姿直立；枝条粗壮，节间短，枝皮率37%；叶片大而厚，叶色浓绿；根系深，固地性强，与大樱桃嫁接，亲和力强，成活率高
北京对樱桃	适应性强，寿命长，缺点是根系浅，抗寒能力差
Early Richmond（毛把酸）	根系发达，固地性强；实生繁殖主根粗壮，须根少而短，与甜樱桃的亲和力强，嫁接树生长旺盛，丰产，寿命长，树冠高大，不易倒伏，耐寒。缺点是在黏性土壤上树体生长矮小，易患根癌病
Colt（考特）	分蘖和生根能力强，易于扦插或组织培养繁殖；根系发达，抗风能力强；与大樱桃亲和能力强，接口愈合良好；干旱性强，较耐涝；但根癌病十分严重
山樱桃	适应性强，抗旱抗寒；主根侧根皆较发达，嫁接亲和性高；缺点是易感染根癌病
马扎德（*Mazzard*）	树体高大，长势旺盛；在黏重土上生长良好；嫁接大樱桃树体高大、经济性强；耐极薄和寒冷；对根腐病具有抗性；缺点是树冠大，进入盛果期晚，根系浅，易感染细菌、树脂病和枝枯病
马哈利（Mahaleb）	根系发达，抗旱，但不耐水涝；较适应于轻壤土栽培，在黏重土中生长不良；抗寒能力强；嫁接大樱桃有矮化作用
草樱桃	树体高大，毛根发达，适应性强，嫁接亲和性强；嫁接株长势健旺、丰产，对根癌病有高度的抗性；缺点是根系分布较浅，遇强风易倒伏

141. 大樱桃苗木的繁殖方法有哪些？

大樱桃砧木的繁殖方法有实生播种、扦插、压条和组织培养等方法。

（1）砧木繁殖

实生育苗 5～6月采果并取出种子，用清水冲洗搓净，以防止贮藏期发霉，用3～5倍湿沙混合，在室外进行沟藏。第二年春天，当有30%种子露白时，筛除沙子后即行播种。圃地播种前，进行整地做畦，用3～4千克/亩的$FeSO_4$消毒。播种时按40厘米行距开沟条播，覆土1.5～2厘米，用种量为10千克/亩，加强肥水和病虫害防治等的田间管理措施。

扦插育苗 冬季封冻前，剪取1～2年生壮枝用细沙埋于沟内。春季解冻后，挖出枝条，剪成18～20厘米长的插穗，上段剪平，保留1～2个饱满叶芽，下端剪成斜面，把剪好后枝条的下端浸泡生根粉溶液中，在春分前后进行扦插。扦插行距约为40厘米，株距15厘米，然后充分灌水。出苗后适时浇水、施肥、除草。

分株育苗 早春或秋季，将欲繁殖的植株按行距1.5米、株距0.5～0.8米定植在繁殖圃中作为繁殖母树，定植后从地表2厘米处平茬，当长出新梢为20厘米左右时，用湿土进行第一次培土，培土时将过密的萌蘖分开，以利萌蘖生根。在春季发芽前刨出，直接定植或集中栽于圃地培养。

压条育苗 将母树基部的苗或靠近根部的苗压在开沟内，萌芽后，逐渐培土，生根成苗。

(2) 嫁接与接后管理

接穗准备 在无病虫害、且品种纯正的健壮树上选取接穗，采后随即将叶片剪掉，只留1/3长的叶柄，随采随用。休眠期的接穗，可以在贮藏沟里用湿沙埋藏，有条件的地方也可以贮藏在0℃左右的冷库中。

嫁接时间及嫁接方法 一年中适宜嫁接的时期有3次：春季、夏季和秋季。春季为3月下旬前后，时间为半个月左右，此期间多采用带木质部的芽接、单芽切腹接或劈接法；夏季为6月下旬到7月上旬，时间为15～20天，此期间多采用不带木质部芽接、T形芽接或方块芽接；秋季通常在9月中下旬至10月上旬，此期间一般采用芽接。

嫁接后管理 ①剪砧：春季芽接后，等到接芽萌发至3～4厘米左右时进行剪砧，剪口和接芽距离2厘米左右；夏季芽接后要立即剪砧，一般要在接芽上部保留10厘米砧木；秋季接芽后不剪砧，到第二年春芽萌发前剪砧。②除萌蘖：嫁接后一般砧木都会长出许多萌蘖，为使新梢正常成长，应及时把萌蘖除去。③解捆绑：新梢萌发后要及时除去捆绑塑料条，防止影响嫁接苗的生长。④设支柱：当接苗长到20厘米左右时，在苗木近旁插一支柱，随着新梢的增高，分段用绳子绑缚，将新梢固定在支柱上，至少固定两道以上，以防被风吹倒。⑤摘心（圃内整形）：当苗高50～60厘米时可进行摘心，促使主干萌发新梢，形成分枝，培养树形。⑥肥水管理：为促使苗木生长，需要加强肥水管理，春旱时要据天气及时浇水，并适时适量追肥，一般追肥两次，第一次在6月上旬（硫酸铵10～15千克/亩或尿素10千克/亩），第二次在7月下旬至8月初（每亩过硫酸钙10～15千克或硫酸钾10千克），加少量草木灰，适当控水，促进苗木成熟，增强越冬能力。

142. 大樱桃如何建园？

（1）选址 应选择空气流通的北坡和西北坡，或较平坦地下水位低、排水良好、不易积涝的地段，土壤pH一般在6.0～7.5最为适宜。大樱桃园要求地势平坦，土壤肥沃、疏松、湿润，排水和灌溉容易。由于大樱桃不耐贮运，樱桃园应建在交通便利的地段。

（2）品种配植 大樱桃属异花授粉品种，自花授粉不能结实，或者结实能力差。因此在生产园一定要配植授粉树，授粉树与主栽树比例为1∶（1～4）。

（3）栽植密度 大樱桃南北行向定植，株距和行距由砧木而定，用山樱桃、colt砧、中国樱桃砧等矮化砧木的甜樱桃，株行距可以（3～4）米×（4～5）米。为充分利用土地，增加早期单位面积产量，幼年樱桃园可以适当加密栽植，待树大时，再行疏伐。

（4）定植 大樱桃可进行春栽和秋栽，但秋栽的幼树越冬不易保护，一般我国不采用秋栽。春栽需在土壤解冻后，发芽前进行，华北地区约在3月中下旬。

定植时需要挖40厘米见方的小穴，施入有机肥，栽植深度与原来在苗圃地里的深度一致，栽后灌足水并在栽植穴上覆塑料膜以提高地温。

（5）定干 栽植后要及时进行，根据不同的密度，不同的树形确定定干高度，一般为70～90厘米。

143. 樱桃园如何进行土壤管理？

土壤管理的主要目的是为大樱桃创造一个良好的土壤环境，扩大根系的集中分布层，增加根系数量，提高根系的活力，为地上部分提供充足的养分和水分。土壤管理主要包括中耕松土、果园生草、树盘覆草、深翻扩穴、树干培土、果园间作等内容。

（1）中耕松土 樱桃树根系较浅，对土壤水分和土壤通气条件较敏感，根系呼吸强度大，因此中耕松土是大樱桃园管理中的一项重要的技术措施。中耕松土一般在灌水和雨后进行，中耕松土改善土壤通透性能，促进根系的发育，消灭杂草，降低养分和水分的无效消耗。中耕松土要根据降雨和杂草生长状况确定次数，每次深度以5～10厘米为宜，以保持樱桃园内清洁无杂草、土壤疏松。

（2）果园生草 果园生草是目前国内外大樱桃栽培中正大力推广的一种现代化土壤管理方法。果园生草可以增加土壤有机质含量，减少地面水分蒸发，保持土壤湿度，改良土壤生态环境。

果园生草技术的要点主要有两个方面：一是选择适宜草种。适合大樱桃园生草的种类：禾本科的有早熟禾、百喜草、剪股草等，豆科的有白三叶、红三叶、百脉根等。二是配套种植方法。樱桃园生草一般春季3～4月和9月最为适宜。先平整土地，之后在生草播种前半个月浇灌一次，使杂草种子萌发出土，用除草剂除草，10天以后再灌一次水，将除草剂冲淋下去，然后播种草籽。

（3）树盘覆草 树盘覆草能使表层土壤温度相对稳定，保持土壤湿度，提高土壤有机质含量，增加团粒结构。覆草时间一般以夏季为好，覆草的种类有麦秸、豆秸、玉米秸、稻草等多种秸秆，覆草厚度15～20厘米。覆草时，先浅翻树盘。覆草后用土压住草四周，并打药，集中消灭潜伏于草中的害虫。

（4）深翻扩穴 深翻扩穴一般适宜于山丘地果园。方法是将一株树分两年完成扩穴，防止伤根太多影响树势。扩穴环沟距树干1.5米开挖，沟深和宽50厘米左右。挖好后将粉碎的秸秆和腐熟的厩肥、堆肥等有机物混合回填，增加土壤中的有机质，改良土壤，促进根系生长。分层回填，随填随踏实，填平后立即浇水，使回填土沉实。

（5）树干培土 树干培土是大樱桃园的一项重要管理措施。定植以后在樱桃树基部培起30厘米左右的土堆。培土除了有加固树体的作用外，还能使基部发生不定根，增加吸收面积，且有抗旱保墒的作用。培土最好在早春进行，秋季将土堆扒开检查根部是否有病害，及时治疗。土堆要与树干密接，以防雨水顺树干下流进入根部，引起烂根。

（6）果园间作 为充分利用土地和光能，提高土壤肥力，增加收益，在幼树期间，可在行间合理间作经济作物，弥补果园前期部分投资。一般以花生、绿豆等矮秆豆科作物为好，不易间作小麦、地瓜、玉米等影响大樱桃生长的作物。间作时要留足树盘，面积不能少于1米^2，间作时间最多不超3年。

144. 樱桃园如何进行肥水管理？

（1）肥料管理

秋施基肥 宜在9～11月进行，以早施为好，可尽早发挥肥效，有利于树体贮藏养分的积累。一般每棵施腐熟的圈肥100千克左右，施肥方法为辐射沟施肥，即在离树干50厘米处向外挖辐射沟（里窄外宽、里浅外深），沟深不超50厘米，位置要逐年变换。每次施肥后适量灌水。

春季追肥 每棵树结合灌水追施硫酸钾型复合肥4～6千克，花期喷0.2%～0.3%硼肥两次，以促坐果，花后喷0.2%～0.3%磷酸二氢钾两次，可有效地提高坐果率，增加产量。

采果后追肥 大樱桃采果后10天左右，即开始大量分化花芽，此时正是新梢接近停止生长时期。樱桃采摘结束后每株施入有机肥30千克、尿素和磷酸钙各1千克，浅锄树盘后立即灌水。

（2）水分管理

花前水 在发芽至开花以前进行，主要满足展叶、开花对水分的需求。同时可降低地温，延迟花期，避开晚霜的危害。

硬核水 在落花10～15天进行，此时缺水会造成大量果核软化，就会发生幼果早衰、脱落。

采前水 在采收前10～15天浇一次透水，能较大提高大樱桃的产量和品质。

采后水 果实采收后，花芽分化集中进行。为恢复树体，保证花芽分化正常进行，采后应立即追肥浇水。

封冻水 10月施基肥以后，浇一次封冻水，以增强树体越冬能力。

145. 大樱桃主要病害及防治措施有哪些？

大樱桃主要病害及防治见表20。

表 20　大樱桃主要病害及防治措施

病害名称	症　状	防治措施
大樱桃褐斑病	病斑大而圆，多呈浅灰色或灰紫色，病斑干缩后穿孔并脱落，严重时也会导致落叶、落果	该病主要以预防为主，冬季修剪后彻底清除果园病枝和落叶；谢花后至采果前喷1～2次70%代森锰锌600倍，75%百菌清500～800倍液，70%甲基硫菌灵可湿性粉剂800倍液，10%多抗霉素可湿性粉剂1 000～1 500倍液等；采果后喷2～3次1∶2∶(180～200）倍波尔多液
大樱桃细菌性穿孔病	病斑呈紫褐色或黑色，周围有一淡黄色晕圈。湿度大时，病斑后常溢出黄白色黏质状菌脓，病斑脱落后并穿孔	增施磷钾肥，控制氮肥用量；发芽前喷4～5波美度石硫合剂，谢花后新梢生长期喷90%农用链霉素3 000倍，90%新植霉素3 000倍液，或10%杀菌优水800倍液
大樱桃根癌病	根上形成大小不一、形状不规则的肿瘤	选择疏松、排水良好的微酸沙质土壤建园；定植前选择生长健壮、无根癌病树苗，并用根癌灵30倍液蘸根消毒处理；已患病植株，春季扒开根颈部位晾晒，并用根癌灵灌根或切除根癌部位
大樱桃流胶病	枝杈表皮组织分泌出树胶，流胶处略肿大，皮层及木质部变褐腐朽	避免黏性土壤建园，修剪时尽量减少伤口；已发病枝干及时彻底刮治，伤口用生石灰∶石硫合剂∶食盐∶植物油（10∶1∶2∶0.3）兑水调成糊状涂抹
大樱桃褐腐病	主要危害花和果实。花受害后在落花时才显现，花器呈褐色、干枯，形成褐色粉末状分生孢子块；幼果发病果有黑褐色斑点但不软腐；成熟果发病后，里面的小褐斑迅速蔓延发展，引起整果软腐，成为僵果	及时收集病叶和病果，集中烧毁或深埋，以减少菌源；不断完善树体结构、搞好采后和四季修剪，合理留枝，始终保持树体有良好的通透性；花前、生理落果后喷50%速克灵1 000～1 500倍，或70%甲基硫菌灵800～1 000倍液等
大樱桃干腐病	发病初期病斑呈暗褐色，不规则，病皮坚硬，常渗出茶褐色黏液，后期病部干缩凹陷，周缘开裂，表面密生小斑点	减少机械伤口。发现病斑及时刮除，后涂腐必清等

146. 大樱桃主要虫害及防治措施有哪些?

(1) 休眠期（11月上旬到翌年3月上旬） 害虫停止危害以各种形态在枯枝、落叶、土壤和树干粗皮、裂缝中越冬。桑白蚧以雌成虫在枝条上越冬；螨类以成螨在土缝、枝干老翘皮下、枯枝、落叶中越冬；卷叶蛾以小幼虫在翘皮处、剪锯口等缝隙中结茧越冬；绿盲蝽以卵在剪锯口、断枝等处越冬。

防治措施：彻底清园，减少害虫越冬基数；整翻园地，消灭在土壤中越冬的害虫；桑白蚧严重的果园，用硬毛刷刷除越冬虫体。

(2) 萌芽期（3月中旬到4月上旬） 桑白蚧开始在枝条和树干上吸食汁液；3月中上旬，草履蚧若虫开始顺着树干向树上爬迁；其他各种越冬病虫害也陆续从休眠状态进入春季繁殖活动期。

防治措施：桑白蚧严重的果园可选用28%噻嗪·杀扑磷乳油1 200倍液与21%过氧乙酸水剂300倍液混合喷雾；草履蚧发病的果园，在3月上中旬在基干65厘米处涂抹宽10～15厘米的杀虫带（废机油和废黄油各半，熔化后加适量菊酯类杀虫剂），毒杀上树若虫。

(3) 花果期（4月中旬到6月中旬） 小绿叶蝉、绿盲蝽、红蜘蛛、卷叶蛾、金龟子等在4月上中旬陆续开始活动，危害嫩芽、花蕾，4月下旬展叶后转移到叶片上危害；绿盲蝽、卷叶蛾等后期还可危害果实。潜叶蛾也在樱桃展叶后开始活动。前期桑白蚧防治不力的樱桃园，5月中下旬会再度严重发生。

防治措施：4月下旬，选用10%吡虫啉可湿性粉剂3 000倍液与30%阿维·灭幼脲悬浮剂3 000倍液混合喷雾，防治绿盲蝽、叶蝉、潜叶蛾，兼治卷叶蛾、红蜘蛛。桑白蚧发生较重的果园，可在5月中下旬桑白蚧第1代若虫孵化后介壳形成前，选用48%毒死蜱乳油1 000～1 200倍液防治，兼治金龟子、卷叶蛾等。金龟子成虫出蛰时，于雨后地面喷洒50%辛硫磷乳油300倍液，并与土混匀进行地面防治。如果病虫混合发生，可将杀虫剂与杀菌剂混合喷雾。

(4) 采果后（6月下旬到11月上旬） 叶螨、小绿叶蝉6月虫量开始增加，危害加重；8～9月达到危害盛期。苹小卷叶蛾第1代幼虫6月下旬开始大量出现。梨网蝽6月下旬数量增多，7、8月危害最重。梨小食心虫、毛虫类幼虫在7、8月也时常大量发生。

防治措施：6月下旬选用3.2%甲维盐·氯氰微乳剂1 500倍液与10%吡虫啉可湿性粉剂3 000倍液混合喷雾，防治小绿叶蝉、卷叶蛾、梨网蝽、螨类等。7月中下旬选用48%毒死蜱乳油1 000～1 200倍液与10%联苯菊酯乳油3 000～5 000倍液混合喷雾，防治小绿叶蝉、梨网蝽、毛虫类、桑白蚧、梨小食心虫等，若叶螨发生较重，则需加入杀螨剂。8月上中旬选用40%阿维·炔螨特乳油1 500倍液、3%啶虫脒乳油2 000倍液、2.5%氯氟氰菊酯乳油2 000倍液混合喷雾，防治螨类、小绿叶蝉、卷叶蛾、毛虫类、梨小食心虫等。病虫害可一同防治，但波尔多液须单喷。

147. 大樱桃主要丰产树形及修剪方式有哪些？

(1) 自然丛状形

特点 无主干和中心领导干，主枝直接在近地面处分生且直接着生结果枝组。

修剪方式 定植后第一年定干高度为20～30厘米，促发3～5个主枝；6～7月间对主枝留30～40厘米摘心，促发二次枝。第二年春天萌芽前，若枝量不足，对强枝留20厘米进行短截，剩余枝条长度低于70厘米的不剪，超过70厘米则留20～30厘米短截。第三年春，只对个别枝条进行短截调整，其余枝条缓放。

(2) 自然开心形

特点 无中心领导干，有主干，干高20～40厘米；全树3～4个主枝，开张角度30°～40°；每个主枝上留5～6个侧枝，背斜生或背后侧生，插空排列，开张角度70°～80°；多单轴延伸，其上着生结果枝组；树高控制在3～3.5米，整个树冠呈圆形或扁圆形。

修剪方式 定植第一年后在60～80厘米处定干，当年培养3～5个长势均衡、分布均匀的主枝。第二年春天，对选留的3～5个主枝，剪留40～50厘米，生长季对侧枝进行摘心，促进分枝。第三年春天，继续培养侧枝，调整个别枝，或更新回缩。

(3) 改良主干形

特点 具有中央领导干，干高50～60厘米，在中央领导干上着生6～8个角度开张的主枝，分3～4层。层内主枝间距15～20厘米，层间距为30～60厘米。第一层3～5个开张角度60°左右主枝，每主枝上着生4～6个侧枝。第二层2个主枝开张角度45°左右。第三四层各有主枝一个，开张角度小于45°。

修剪方式 第一年春定干高度要在80～100厘米，通过刻芽促发多主枝，距地面60厘米以上部位培养3～5个主枝，枝条间距为10～15厘米，且空间分布均匀。第二年春中心干延长头剪留40～60厘米。秋季对较长主枝拉枝开角，以后2～3年重复上述工作，改良主干形便可完成。

148. 樱桃园如何进行花果管理？

大樱桃的花果管理主要包括合理负载、花期授粉、预防和减轻裂果、防止鸟害、增进着色等技术措施。

(1) 花期授粉 多数大樱桃品种自花不实或结实率较低，需异花授粉才能正常结果。樱桃开花较早，常遇低温等不良天气的影响，即使配置了适宜的授粉树，也不利于授粉受精。因此，花期应进行辅助授粉，提高坐果率。利用昆虫和人工授粉是生产上常用的两种辅助授粉方法。

昆虫授粉 通过昆虫采花授粉，可利用的昆虫有壁蜂，包括角额壁蜂和凹唇壁蜂、蜜蜂。壁蜂每亩放80～150头；蜜蜂每7.5亩放置1～1.5箱，即能达到辅助授粉的效果。

人工辅助授粉 一般用柔软羽毛做成的毛掸，在授粉树及被授粉树的花朵之间轻轻接触，授粉效果良好。因大樱桃柱头接受花粉的能力仅 4～5 天，故人工授粉须在盛花后 3～4 天内完成，且愈早愈好。为保证不同时间开的花都能及时授粉，应反复进行 3～4 次。除上述辅助授粉措施外，在盛花期前后喷 2 次 0.3％尿素、0.3％硼砂或磷酸二氢钾对提高坐果率也有明显的效果。

(2) 疏花疏果 疏花一般于花前进行，将弱小及发育不良的花（蕾）摘去，每果枝上留 2～3 个饱满花蕾。疏果是在疏花的基础上，在 5 月中下旬生理落果结束后进行，每个花束状短果枝留 3～4 个果。

(3) 促进果实着色 进入果实着色期，应把遮住果实阳光的叶子摘去，但要注意摘叶程度不要过重。还可在树冠下铺设银色反光塑料薄膜，利用树冠下的反射光，促进果实着色。

(4) 预防裂果 大樱桃果实发育期间，若前期干旱后期遇雨，常常会造成不同程度的裂果。因此，抓好果实硬核期至采收前的适量浇水工作，维持适宜、稳定的土壤水分，防止前期干旱耐水，临近成熟时突遇降雨而引起裂果。

(5) 预防鸟害 鸟害是大樱桃栽培上的一大危害。樱桃成熟时，色泽艳丽，口味甘甜，易遭受鸟害。采用人工驱鸟的方法，既费工效果又差。架设防鸟网是一种效果好且持久的预防鸟害的常用方法。

149. 大樱桃如何进行防冻？

在建园时选择不易遭霜冻危害的地块，且选择花期较耐低温的品种。注意加强肥水管理，增施有机肥料，重视秋施基肥，浇灌封冻水，并注意保护好叶片，防止早期落叶病的发生和做好食叶害虫的防治，增加树体贮备营养，提高抗低温的能力。

早春用 10％的石灰水喷洒全树或涂抹大枝。霜冻出现前，给果园充分浇水，延迟萌芽期和开花期，避免晚霜危害。根据天气预报，在霜冻临近出现时，在果园堆草熏烟，有较好的防霜效果。

十一、板栗

150. 我国板栗分布与生产现状如何？

板栗原产我国，是古老的栽培果树之一，已有 2 000 多年栽培历史。板栗在我国分布十分广泛，经济栽培区南起海南省黎族苗族自治州（北纬 18°31′），北达吉林集安（北纬 41°20′），南北距 22°50′，跨越亚寒带和亚热带。其垂直分布东起山东郯城、江苏新沂、沭阳等地，海拔不足 50 米；西到云南淮西，海拔达 2 800 米，高低相差 2 750 米。

目前，我国板栗种植面积 1 500 万亩，栽培面积较大的省份有山东（300 万亩）、湖北（300 万亩）、安徽（270 万亩）、河北（246 万亩）、河南（220.5 万亩）。20 世纪 80 年代以前，国内人均年消费量仅 10 克左右。随着人们生活水平的不断提高，近年来我国居民板栗消费量增加了 20 多倍，但人均年消费量仍只有 250 克左右，不及主要依靠进口我国板栗的日本的 1/4，国内市场潜力仍十分巨大。

板栗生长适应性强、耐旱、耐瘠薄、病虫害少、管理省工、投资少，是生产效益相对高、适宜于山区种植的首选果品。我国拥有相当面积的荒山、荒坡、荒滩和“四旁”隙地，特别是中、西部省份退耕还林的土地中，有大量适于种植板栗的微酸性土地，具备了扩大板栗生产的有利条件。目前我国板栗单产平均每亩产量只有 30 千克左右，与国内高产典型比较，相差 20～40 倍，其增产潜力巨大。我国板栗品质居世界食用栗之首，甜香可口，可溶性糖含量高于日本栗和欧洲栗，涩皮易剥除，适于加工。

151. 板栗主要价值有哪些？

板栗是我国传统的特色干果，具有很高的食用价值。栗果营养丰富，含有淀粉、蛋白质、粗脂肪和多种维生素（维生素A、维生素B、维生素B_2）及矿物质（Ca、P、K）等，香糯甜美。栗果可鲜食、炒食、做菜，也可加工成栗子罐头、栗子脯、栗子粉、名贵糕点等风味独特的多种食品。

板栗还具有食疗药膳保健功能。中医认为，栗肉性温、味甘、无毒，有养胃、补肾强筋、拔毒消肿、活血止咳之功能。栗涩皮、栗壳、栗树花、树叶、树皮、树根等都能入药，可以治多种疾病。

板栗树木材纹理直，抗腐耐湿力强，适于作枕木、地板、船板、矿柱、车厢板等，也是制作酒桶的良材，还可用于培养栗蘑，种植经济效益显著。栗树树皮、壳斗、嫩枝、木材的髓部均含有鞣质，可生产优质鞣料和提炼栲胶。栗叶可饲养柞蚕，栗花可提炼高级香精，是消灭蚊蝇最理想的原料之一。涩皮则是美容化妆品中不可多得的高等香精原料。

板栗生长适应性强，耐旱、耐瘠薄，病虫害相对较少，管理省工，用工量不足水果类的1/5，投资只有苹果等水果的1/10，是投资少、效益好的果品。所以，发展水果困难的山区，发展板栗生产具有优势。近些年来，板栗产业已成为一些山区农民致富的重要经济支柱。栗树不仅适应性强，而且寿命长，山地、丘陵、河滩、高原皆可种植，是绿化、美化净化环境的良好树种。大力发展板栗生产对发展我国山区经济、丰富人民饮食品种和优化生态环境都具有重大的意义。

152. 生产中，板栗如何分类？

(1) 坚果外观　按果面毛茸多寡分为茸毛少，仅分布于果顶的油栗类；毛茸中等，分布于胴部以上或全果疏被绒毛的油毛栗类；和全果密被茸毛的毛栗类。

（2）坚果大小 果形大小（或重量）是商品上分类的重要依据，品种分类上也极重要，通常将品种分为大果型、中果型、小果型3大类。

（3）成熟期 果实成熟期是重要的经济性状之一，通常分为早熟型、中熟型和晚熟型3类。

（4）利用方式 根据主要利用方式可将果形偏小、果面光亮、肉质糯性、含糖和蛋白质较高的品种归为炒食型；将果实大、肉质粳性的归为菜用型；介于两者之间称为兼用型。

153. 板栗优良品种的标准有哪些？

优良品种的标准是相对的，目前公认的板栗良种应具备以下几个方面：

（1）丰产性 单位树冠投影面积产量在0.5千克/米以上，早实性强，大小年现象不明显；发枝力强，雄花比例小，雌花形成容易，苞皮较薄；出实率高，应在40%以上；空棚率低，在8%以下。

（2）品质要求 北方产区和南方产区生态特点各异，食用方式也不同，评判标准应有所区别。北方栗产区（丹东栗除外）和西南部分炒食栗产区，坚果单粒重在8～12克，油亮美观，整齐度高，肉质细糯香甜，含糖量在16%以上（占干重）；南方产区以菜用栗为主，坚果单粒重在14克以上，整齐度高，色泽美观，淀粉含量高，果肉质地粳性。

（3）耐贮性 充分成熟的板栗，在一般贮藏条件下4个月后好果率在95%以上。

（4）抗逆性 抗逆性指对生长发育不利的环境条件的抵抗能力，如旱、涝、冷、热、病虫害、大气污染等。不同产区板栗对抗逆性的要求有所不同，如北方产区易遭春旱，则要求抗旱性强，东北适栽区则要选择抗寒品种。另外，近几年部分产区栗瘿蜂发生严重，建园时应考虑抗栗瘿蜂品种。

（5）其他优良性状　短枝形；耐短截；树体矮化；成熟期早；总苞皮薄；无雄花序或雄花序少；观赏性状，如红色、垂枝等。

154. 北方板栗主要栽培品种有哪些？

北方栗坚果小，平均单果重 8～9 克，种皮极易剥离，果肉含糖分和蛋白质高，总糖含量高于 20％的品种占品种总数的 44％以上，含淀粉量平均 51％，偏黏质，品质优良，适宜炒食。北方板栗主栽品种见表 21。

表 21　北方板栗主栽品种

品种	主要特点
燕山早丰	因早期丰产，果实成熟期早，故称早丰。总苞小，皮薄，坚果皮褐色，茸毛少。平均单果重 8 克，含糖量 19.67％，含蛋白质 4.43％，淀粉 51.35％，坚果椭圆形，果肉黄色。质地细腻，风味香甜，在河北迁西果实 9 月上旬成熟，成熟时果蓬呈十字形开裂。早丰树势强健，每结果母枝平均抽生结果枝 2.3 个，每结果枝平均有栗苞 2.4 个。幼树定植 2 年即可结果。该品种早实、早熟、丰产，抗病，较耐旱、耐瘠薄，是燕山山区早熟的优良品种
燕山红栗	果面茸毛少，分布在果顶端。果皮深红棕色，有光泽，外形美观。燕红树冠中等，嫁接后 2 年开始结果，3～4 年后大量结果，早期丰产。在土壤瘠薄时易生独籽，对缺硼敏感。燕红品种抗病，耐贮，品质优良，唯有大小年结果现象
燕昌栗	总苞椭圆形，重 60 克，刺束中密，平均每苞含坚果 2.6 个，坚果单粒重 8.6 克，果面茸毛较多，果皮红褐色，有光泽。鲜果含糖 21.6％，蛋白质 7.8％，果肉香甜细腻。9 月中旬成熟。树姿开张，结果母枝连续结果能力强，每结果母枝抽生 2.1 个结果枝，每结果枝平均 1.8 个总苞。该品种嫁接后 2 年可大量结果，内膛结实力强。抗病、抗旱能力一般

（续）

品种	主要特点
燕山短枝	树冠圆头形，树势强健，平均每个结果母枝抽生结果枝 1.85 条，结果枝着生总苞 2.3 个，嫁接后，3 年进入结果期。通过密植栽培，幼砧嫁接 4 年平均株产 0.76 千克，5 年株产 2.23 千克。总苞中等大，椭圆形，针刺密而硬，每个总苞含坚果 2.8 粒。坚果平均重 9.23 克，扁圆形，皮色深褐，光亮。坚果整齐，每 500 克栗果有 55～60 粒。栗果含糖量 20.6%，淀粉 50.89%，蛋白质 5.9%。果实成熟期 9 月上中旬，耐贮藏。燕山短枝树势健壮，枝条短粗，树体矮小，适宜密植
燕魁	总苞大，坚果棕褐色，有光泽，毛中等，单果重 9.25～10.74 克。果肉质地细腻、甜香，总糖含量 21.2%，淀粉 51.98%，蛋白质 3.27%。果实 9 月中旬成熟。幼树定植后 3～4 年就可获得丰产。栗苞出籽率高，空苞率低，平均每苞坚果 2.75 粒，坚果耐贮藏。较耐贫瘠，适应性强
怀九	坚果整齐，果皮红棕色，富有光泽，外形美观。坚果单粒重 7.9 克，果面茸毛少，鲜果含糖 19.35%，果肉味甜，糯性，品质优良。9 月中旬成熟。树形中等，结果母枝平均抽生结果枝 3 个，结果枝平均结苞 1.79 个，每苞坚果平均 2.38 个，出实率 44%。结果母枝健壮，嫁接 2 年开始结果，大砧龄（3～4 年）当年嫁接即可结果。具早熟性芽和早期丰产特性，稳产性好，抗旱耐瘠薄
金丰	总苞球形，针刺中密，坚果中型，55 粒/千克，有大小苞、大小粒现象，出实率 38%～42%。9 月中旬未成熟。金丰生长势强，成雌花容易，早产丰产，母枝量大，雌花量大栽培时应注意控制留枝量、留苞量，以减少空苞和小果。肥水管理跟不上，树势易衰弱
红光栗	树冠紧凑，树姿开张，幼树生长旺盛，嫁接后 2～3 年结果，丰产稳产。刺苞椭圆形，皮薄，出实率高，果皮红褐色，鲜艳美观，油光发亮，故称红光栗。坚果平均重 9.5 克，果肉糯性，细腻香甜，含水率 50.8%，总糖 14.4%，蛋白质 9.2%，适于炒食。9 月中旬成熟
尖顶油栗	坚果果顶细尖，故名尖顶油果。刺苞呈长椭圆形，皮薄，坚果紫红色、具光泽，单粒重 10.8 克，果肉含水率 52.4%，总糖 22.4%，蛋白质 6.2%。适于炒食。树冠开展，丰产性强，品质佳，结果枝短截后易抽生结果母枝。易控冠密植，在山区和平原地区都可发展

（续）

品种	主要特点
莱西大油栗	树冠较小，较紧凑，枝条粗壮，节间较短。叶片较大，有光泽。结果母枝抽生各类枝的比例，发育枝1%，结果枝64%，雄花枝19%，纤弱枝16%。属于大粒板栗品种。果实较耐贮藏
沂蒙短枝	树冠矮小，树体紧凑，长势健旺，节间极短，成花容易。短枝抽生果枝能力强，达67%，需肥沃土壤。每个果枝平均结苞1.5个，每苞平均2.4粒。果实单粒重8.4克，水分53%，淀粉34%，总糖5.6%，蛋白质3.93%，灰分2.59%，品质上等
明拣栗	树势强健，树姿开张。坚果圆形，单果重9克，外果皮红褐色，甚薄，肉质细腻，味香甜，品质极佳。9月下旬至10月上旬成熟。为优良的炒食型品种
镇安大板栗	树势强健，嫁接3～4年开始结果。总苞大，圆形，坚果椭圆形至圆形，坚果大，椭圆形，单果重11克。果皮薄，淡褐或褐色，有光泽，涩皮薄，剥离较难，仁丰味甜。含可溶性糖15.32%，脂肪2.92%，淀粉75.7%，品质优良。抗寒抗风强，适应性广。4月中旬萌芽，5月上旬开花，雄花较雌花开放早。9月中旬采收，10月中旬落叶。是陕西发展的品种之一。缺点是果实抗虫性差，需注意防治
柞板14	树势健壮，树冠圆头形。结果母枝平均抽生结果枝2.7个，结果枝结苞1.8个，出实率为29%，每平方米投影面积的产量为0.245千克。栗果椭圆形，红棕色，单果重12.5克，种仁涩皮易剥离，含可溶性糖10.04%，品质优良。抗病虫力较强
柞板11	结果母枝抽生结果枝3.5个，结果枝结苞1.8个，出实率为37.1%，无空苞，冠幅投影每平方米产量为0.36千克。坚果圆形，棕红色，油光发亮，单果重10.9克，种仁含可溶性糖9.27%，品种优良。抗病虫力强

155. 南方板栗主要栽培品种有哪些？

南方主要品种的果型较大，平均单果重16克以上，栗实含糖量12%左右，淀粉含量高，直链淀粉比率高于北方，栗淀粉糊化温度62℃以上。多数适于作菜用栗（表22）。

表22　南方板栗主栽品种

品种	主要特点
九家种	幼树生长直立，树冠紧凑，树形较小，适宜密植。枝条粗短，节间较短，树势中等。平均每结果母枝抽生结果枝2.0个，每苞有坚果2.6粒。总苞扁椭圆形，苞皮薄，出实率50%以上。坚果椭圆，果皮赤褐色、茸毛少，单粒重平均11.8克，含糖12.6%，淀粉48.6%，蛋白质7.5%，鲜仁含水率43.5%，果肉细腻，宜于炒食或菜用。坚果9月中旬成熟。九家种幼树生长势较强，嫁接苗定植3年便可结果。树体结构紧凑，适于密植，抗病虫及抗旱能力较差
焦札	总苞成熟后局部刺变褐，似焦块，故名焦札。树冠圆头形，较开张。树势旺盛，结果母枝平均抽生结果枝0.9个，结果枝着生总苞2.1个，总苞平均有坚果2.6粒。坚果大，椭圆形，果皮紫褐色，果面茸毛长而多，坚果平均重23.9个，鲜仁含水率49.2%，含糖11.5%，淀粉49.35%，蛋白质7.3%，脂肪4.7%，出籽率40.5%，肉质细腻、味甜。9月下旬至10月上旬成熟。产量中等、稳定。品质优良，为优良的菜用栗品种。尤其抗虫性强，耐贮性强，较耐干旱和早春冻害，适应性较强，宜在山区发展
青札	树形较开张，树势中等。球果椭圆形，刺束中密，软性。坚果外果皮褐色，光泽中等，茸毛短而少。总苞内平均含有坚果2.4粒，平均单果重14.2克，果肉含水量44.8%，含糖14.8%，蛋白质7.43%，出籽率43%，空苞率10.5%，9月中下旬成熟。本品种早期丰产稳产，果实成熟期一致，品质优良，耐贮藏，为炒食与菜用兼用品种
短札	树形开张，树冠圆头形。结果母枝粗壮较长，每结果母枝平均抽生结果枝2.1个，平均每个结果枝着生总苞2.5个，出实率40%。球果大，短椭圆形，刺束长，球苞皮厚。坚果圆形，外果皮赤褐色，茸毛短。单果重15.1克，果肉含水量43.8%，含糖17.7%，蛋白质7.98%。9月20日左右成熟。本品种早期丰产稳产，是优良的菜用品种
它栗	坚果椭圆形，赤褐色少光泽，茸毛中等，坚果中等大，平均单粒重13.5克，鲜仁含水率48.2%，总糖21.2%，淀粉32.9%，出实率36%。9月下旬成熟。树体较矮，枝条较长，发枝力强，适应性广，极耐贮藏。与多种砧木嫁接亲和力强，产量稳定

（续）

品种	主要特点
处暑红	树冠紧密，枝条节间较短。坚果整齐，平均单粒重16.5克，外皮紫褐色，果肉细腻，味香甜，含水率47.2%，总糖12.6%，蛋白质6.1%。8月下旬至9月上旬成熟。该品种受桃蛀螟和象鼻虫危害较轻，产量高而稳定。成熟期早，在中秋节前上市，很受欢迎
大红袍	总苞椭圆形，坚果大，单粒重18个，含水率45.5%，总糖9.9%，蛋白质6%。9月下旬成熟。树体高大，产量高而稳定，抗逆性强。坚果耐贮藏，果皮红褐色，鲜艳美观
广西油栗	树冠紧凑，树形较小。结果母枝短，分枝角度大，易形成混合花芽。刺苞小，刺束短而稀，出实率40%。坚果小，平均单粒重6克左右，果皮红褐色，有光泽。9月上中旬成熟。果肉质地细糯，甜香，含水率54%，含总糖17.3%，脂肪4%，蛋白质11.5%，淀粉56.2%。本品种树冠矮小，适于密植

156. 板栗嫁接育苗的关键技术是什么？

（1）接穗贮藏与处理　接穗的质量与嫁接成活率密切相关。嫁接成活率低在很大程度上是由于接穗质量不好、贮藏不得法或嫁接后干枯死亡。枝接时应选择树冠外围发育充实的粗壮枝条作接穗在接穗上封一层均匀的石蜡，可以减少水分蒸发90%左右，保证接穗的生活力。封好蜡的接穗可直接用于嫁接，需再存放时应放回低温贮藏窖中。接穗封蜡是保证嫁接成活的关键之一。

（2）嫁接时期　板栗嫁接应在砧木萌动后进行，只要接穗没萌发，即使砧木已发芽也可嫁接。砧木萌动即标志树液流动，此时气温升高，形成层开始活动。嫁接后形成层分化，嫁接成活率高。

（3）嫁接方法　板栗木质化程度高，硬度大，板栗枝条木质部有4～5条明显的棱呈齿轮形，用一般芽接法不易成活，所以，板栗仍以枝接为主。板栗枝接方法很多，河北、北京地区春季以插皮接嫁接为主，另外还可用劈接、切接和舌接等方法；山东、江苏省多用插皮舌接。

(4) 嫁接苗的管理

除萌蘖 由于嫁接处输导组织很不畅通，砧木的伤口周围及砧木上的芽易萌发，为避免萌蘖与接穗争夺养分，影响成活和苗木生长，应及时除去砧木上的一切萌蘖。除萌蘖一般进行 3～5 次。

设防风柱和松捆绑 嫁接 1 个月后，新梢长到 30 厘米时，把嫁接捆绑的塑料条松开，避免勒伤，而后再轻松绑上，待愈合牢固。与此同时，为保证新梢在生长过程中不被大风吹折，可设防风柱。支柱长度依嫁接位置高低而定，一般一个接口用一根支棍，把新梢轻轻绑在支棍上，随新梢生长可先后绑 3～4 道绳。腹接成活的新梢可直接绑在砧木上。

摘心 当新梢长到 30～50 厘米时及时摘心，可连续摘心1～2 次，促进副梢萌发。摘心能促进二次枝发生，早成树形，使新梢充实。大树高接换优后，新梢摘心后长出的副梢，可成为结果母枝。

防治病虫害 春季萌芽后常有金龟子、象鼻虫等食叶害虫危害叶片，可喷洒敌百虫等药剂。接口处易发生果疫病，可涂波尔多液等杀菌性药剂预防。

肥水的管理 为促进嫁接苗生长发育，苗圃地育苗时应注意浇水施肥和中耕除草，有条件的地区春季应浇水。在雨季可追肥促进生长，但应控制后期肥水，利用摘心促使枝充实健壮。

157. 如何建立一个标准化板栗园？

(1) 品种选择 树体矮小、生长势中等、适于短截，短截后易抽生结果母枝、连续结果能力强等均是密植品种应具备的优良性状。

（2）栽植时期　栽植时间一般在春季或秋季。春植树苗管理期短，管护成本低，为通常采用的栽植时期。春栽应于萌芽前20天前后进行，山东地区春植最适期在3月下旬，燕山果产区于4月初。在干旱而不寒冷的沙土地区，秋植更为有利。秋栽应适当早栽，最迟应在封冻前20天完成。秋栽后根系恢复期长，到春季萌芽时多数植株可发新根，因而成活率高，北方秋栽的栗树在冬季封冻前要培土堆或把幼苗压倒埋土防寒，冬季气候严寒的地区不宜秋栽。

（3）栽植方法　苗木根系好坏与栽后缓苗时间长短、栽后成活率有密切关系。起苗时伤根多栽后生长发育缓慢，甚至2～3年才能恢复正常。栽植时应尽量缩短根部暴露的时间，远途苗木必须防止根系失水。在土层较深的平地，挖深60～80厘米、直径100厘米的定植穴，穴内施有机肥25千克并混施磷肥。山坡薄地结合土壤改良和水土保持，挖大穴，穴内放入枯枝落叶、秸秆及有机肥，再回填表层土、踏实。

将苗木的根系蘸泥浆后，放在穴中心，使根系向四处伸展摆匀，用含有机质的地表熟土覆盖，轻提树苗，使覆土进入根隙。定植后及时灌透水，春季干旱地区栽植后浇水定干，每株苗覆盖1米^{2}的地膜保湿。为防止萌芽后金龟子危害，在树干上套直径5～10厘米、长80米左右的塑料袋，在苗基部与上部系住口，待芽萌发展叶后逐渐去除。通过地膜覆盖和树干套袋，能显著地提高干旱地区春季定植的成活率。

158. 板栗高接换优关键技术是什么？

高接换优不仅适于品种的改造利用，还可用于郁闭密植园及老栗树的改造。实生果树和劣种、劣树进行高接换优后，能很快地成形和结果。一般在次年即可结果，3～4年丰产，投资少，见效快。嫁接时，选择适合当地的优良品种，在粗度合适的枝上进行多头高接，过于粗（老）的枝应先进行更新，待第二年长出健壮的更新枝后再进行高接换优。北京地区 40～50 年的老栗树更新后高接，仍取得了很好的效果。对于已交接郁闭、但种植密度低于每亩 80 株的果园，可以结合树形改造高接适宜密植的优良品种，高接后便很快见效。改造时可以部分树改造，或整园进行改造。利用高接可改造树形，对光秃严重的光腿枝多采用腹接，使枝干分布均匀，以增加枝叶量增加结果部位。接法与一般的腹接基本相同。

159. 板栗园肥水管理技术要点是什么？

基肥应在秋季采果后结合深翻及时施入，以迟效性有机肥为主，加入少量化肥。参考施入量为：小树施尿素 1～1.5 千克、磷矿粉 0.5～1.0 千克、硼砂 0.15～0.3 千克；大树施尿素2.5～3.5 千克、磷矿粉 1～1.5 千克、硼砂 0.25～0.75 千克，施厩肥 20～30 千克或人畜粪尿 10～20 千克，结果树每株施有机肥50 千克，并加入适量磷肥。

幼树萌动前每亩追施尿素和复合肥各 10 千克；结果期的栗园，第一次追肥应于栗树雌花仍在分化和新梢正在旺盛生长的 4 月施入，以促进雌花的形成增加结果量，促进枝叶的繁茂，从而为当年产量的提高奠定基础。第二次追肥应于雌花受精、幼果发育、花芽分化的 6 月中下旬施入，以利于提高坐果率减少空苞，促进花芽分化。第三次追肥应于板栗果实迅速发育充实的 7 月中旬至 8 月中旬施入，以促进果实饱满和提高栗果品质。前期以氮肥为主，每亩施尿素 20 千克，后期每亩施氮磷钾复合肥 20～30 千克。

每年灌水 3～4 次。春天 4～5 月芽萌动前浇一遍萌动水，以提高雌花发育质量，成熟前 2～3 周再浇一次。此时浇水能明显增加栗实单粒重。秋季深翻施肥后浇一次水，以利于土壤沉实和养分的扩散，保证树体安全越冬。雨季应注意排水，不要让园内积水时间过长，否则易造成树叶变黄和不必要的损失。

160. 板栗整形修剪技术要点是什么？

以开心形为主的小冠形。干高 50～60 厘米，全树 2～3 个主枝，主枝角度 45°～60°，各主枝选留 2～3 个侧枝或大枝组，整个树高 2.5～3 米，由于低干矮冠、主枝少而开张，光照良好，成形快，结果早，便于管理，适合了板栗喜光性强、壮枝结果和顶端优势强的特性。

定植当年，一般于苗高 60～70 厘米处进行摘心定干，促发分枝（若用嫁接苗栽植，栽后即行定干）。对生长强旺者，年内进行多次摘心，当年形成小树冠。以后根据树形要求选留主侧枝，对延长枝进行摘心或中截，其他枝要进行轻重短截、疏缓结合的整形修剪。为了减缓枝的顶端优势，防止光腿，可对直立性主侧枝于 8 月中旬进行撑拉，开张角度 45°～60°；直立性辅养强枝则撑拉至平斜，以培养结果枝，并要依据枝的生长势强弱，处理好三股杈、四股杈枝系。

对结果树的修剪，主要是防止结果部位外移，冠内光秃。采取抑前促后、放缩结合的小回缩更新修剪，调控好结果母枝量，保持中庸偏强的树势。结果母枝留量依品种、树势及管理水平而异。管理较好的中等树势的栗园，每平方米树冠投影面积留 8～10 条健壮的结果母枝；幼旺树或高额丰产的集约化栗园留 10～12 条；管理较差的丘陵山地栗园留 6～8 条。冬春修剪后结果母枝量应保持在每亩 4 667 万～6 000 万条。在选留好结果母枝后，通常将结果母枝以下的细弱枝全部疏除，以集中营养，用于保留结果母枝的发育；对于强旺树，要适当保留部分细弱枝，以缓和树势；对于多余的一部分强壮结果母枝或发育枝，则适当短截或疏除，促使抽生下年的结果母枝。

对结果期栗树，随着树龄增加，要及时进行小回缩更新修剪。在回缩更新时，一般是回缩到隐芽萌生枝处或多年生枝分枝的分杈处。欲培养下年结果枝应留3～5厘米短橛更新。对于多年放任不修剪的栗树，一般是随树改造，分年完成，选留几个有前途的大枝作为主侧枝，打开层次；对多余的大枝逐年疏除或回缩更新，调整主从关系；对严重光腿大枝则可腹接补空。同时，保留一定数量的壮枝、壮芽结果，以达到既改造、又结果的目的。

161. 板栗空苞的发生原因与防治技术有哪些？

空苞即“空蓬”“哑苞”，即球苞中的坚果不发育或仅留种皮。空苞发生的主要时期是通过双受精形成合子和初生胚乳核后，合子停止发育，不能分裂为幼胚，于是一定时间后逐渐解体。也有少数胚囊结构发育异常、受精作用异常和原胚早期败育等引起的空苞。已经证明，空苞的发生与胚发育过程中的缺硼有关。

衰弱的栗树外围结果母枝细弱，树体营养不良，空苞率高，甚至有的老果树全是空苞，称为“哑巴树”。当土壤中硼含量低于0.5毫克/千克时，影响花粉管的伸长和受精作用，导致胚珠早期败育，不能形成正常的种子而形成空苞。

土施或喷施硼肥均可有效地降低空苞率。土施硼肥在秋末或4月进行，沿树冠外围每隔2米挖深25厘米，长、宽各40厘米（见须根最好）的坑，幼树株施0.3千克，大树株施0.75千克。把硼砂均匀地施入穴内，与表土搅拌，浇入少量水溶解，然后施入有机肥，再覆土即可。早春墒情好的栗园（土壤含水量20%以上）施硼后可不浇水。土壤穴施硼的肥效可维持2～3年。硼砂可与不同肥料配合使用，与磷酸二铵混施效果好于与碳酸铵、圈肥混施效果。喷施硼肥主要在花期进行，花期喷布硼肥并配合氮肥能起到很好的防治空苞的作用。

空苞严重的栗树可以在花期喷布3次0.2%硼酸+0.2%磷酸二氢钾+0.2%尿素的混合液效果十分显著。此外，土壤速效磷含量高，有助于减轻因缺硼诱发的空苞。

162. 板栗花期管理关键技术有哪些？

(1) 花期施复合微肥　花期正值大量营养消耗时期，营养不良限制授粉受精后胚珠的发育，缺少养分则胚珠停滞发育造成空苞现象，缺硼、缺磷等均易造成合子发育停止等。因此，花期应着重补充肥料。叶面喷肥肥效发挥快。有条件的栗园最好在初花、盛花和花后分别喷肥，初花期和盛花期喷布0.2%～0.3%硼酸+0.2%磷酸二氢钾+0.2%～0.3%尿素+微肥，花后则着重喷尿素和磷、钾肥。花期喷肥既可降低空苞率，又可促进栗蓬发育，减少因营养不良而造成的落果。

(2) 疏雄　板栗雄花量大，消耗营养多。雄花在板栗生长季节中平均耗费40%的营养，最高耗费达63%。所以，留下足够授粉用的雄花，去除多余的雄花，可以节省大量营养，节省的营养可利用到雌花的开花坐果。多采用人工去雄，即当雄花序不足2厘米时，除将新梢最上端的3～5个花序（可能是混合花序）保留外，其余全部疏除。除雄可以明显地增加雌花数量，减少雌花因营养不良而发生的败育。

163. 板栗主要虫害有哪些？

板栗主要虫害及防治见表23。

表 23　板栗的主要虫害及防治措施

虫害名称	主要症状	防治措施
红蜘蛛	一年发生5～9代，以卵在多年生枝干及粗皮缝隙和树的分杈处内越冬，越冬卵4月下旬开始孵化一直到5月中旬，孵化较整齐。孵化初期，成虫、若虫常沿叶柄下源及主脉附近呈群落集聚，叶片中上部很少有成虫和若虫。危害盛期在6～7月，虫口密度大时，5月下旬叶片即可变白，7月中下旬干枯落叶	早春刮树皮。消灭越冬卵、各种病菌以及其他害虫的虫卵。4月中下旬（发芽前）喷5波美度石硫合剂。5月上中旬发芽期喷布螨死净1 500倍液加齐螨素2 500倍液。6月中旬喷布（虫口密度较大时）机油乳油300倍液加0.2波美度石硫合剂。保护天敌，利用捕食螨、黑蓟马等天敌控制红蜘蛛
食象甲	危害坚果和嫩叶，果外除注人孔外无明显痕迹。两年发生一代，以幼虫入土结土室越冬。7月上旬成虫开始出现。7月下旬至8月上旬为出土盛期，成虫出土后取食栗实及嫩叶。8月上旬为产卵盛期，8月中下旬至9月上旬为蛀果期，成虫产卵时先把栗苞或果实咬一破口，然后在破口处产卵。卵多产在蓬皮或果皮中，每个坚果可产卵1～5粒，卵期8～12天。幼虫在果实内取食28～35天，幼虫老熟后，将果实咬成一圆孔爬出，再在土中蠕动成一土室（及蛹室），一般幼虫入土深度5～15厘米	处理脱粒场所：及时采收成熟的蓬苞，集中堆放在水泥地上，使其集中脱果。在栗堆四周撒2～4厘米宽、1～2厘米高的土梗，栗果全部脱蓬后，将土梗埋入1米深的土壤中。仓库熏蒸：二硫化碳熏蒸坚果，每立方米用药20克，熏20小时。8月上中旬，象甲产卵盛期，喷1 000倍液氯氢菊酯2次，消灭成虫、卵、初孵化幼虫。栗果脱蓬后在水中浸泡4～5小时，浸出坚果中的幼虫，并迅速杀死
龟子类	金龟子类属杂食性害虫，即危害苹果、梨花，又危害板栗幼芽，严重时把幼芽、幼叶食光	人工捕捉金龟子成虫。种植寄主植物。在新植栗园或新嫁接园块种植菠菜或草木樨，金龟子成虫出土期喷洒1 000倍氯氰菊酯，将各种金龟子消灭在危害树体之前。在没有种植早期生长作物的栗园，可在树下每隔5～6米放一个废玻璃瓶，将瓶装满水，将已经发芽的杨、柳树枝喷洒1 000倍农药插在瓶内，为金龟子提供毒饵

164. 板栗主要病害有哪些？

板栗主要病害及防治见表 24。

表 24　板栗主要病害及防治措施

病害名称	主要症状	防治措施
板栗胴枯病	该病发生在树干和主枝上，发病初期树皮上出现圆形病斑或不规则形病斑，扩大至树一周，病斑呈水肿状隆起，并有橙黄色小粒点，内部湿有酒味。干燥后树皮纵裂，可见皮内枯黄病组织，病原为一种真菌。该病菌以子囊孢子、分生孢子越冬。病原可随带病的种苗、接穗传播，孢子则借风、雨水传播。侵入途径：伤口，主要是嫁接口、机械伤口、虫伤	加强土肥水管理，增加树势，减少病虫害，提高抗病能力。对各种伤口加强保护，特别是嫁接口，涂抹杀菌剂，减少浸染机会。药剂防治：刮去病疤，涂抹 843 康复剂
板栗白粉病	主要危害栗叶，在叶面形成灰白色病斑，并逐渐扩大，出现白色粉末，即分生孢子，最后在其上散生黑色小粒点，即子囊孢子。病叶呈现皱缩，凹凸不平，失绿，引起早期落叶。属真菌病害。展叶后发病，雨季受到抑制，1～2 年苗木发病严重，其次是 4～7 年生幼树，10 年生以上大树发病较少	冬季刮树皮，及时收集病枝、叶烧毁。4～5 月发病初期喷 0.1～0.3 波美度石硫合剂或 25%粉锈宁 800～1 000 倍液
栗仁斑点病	在轻度病害的情况下果皮无异常。较重情况下，果品黑褐色，种仁霉烂变色。黑斑型：炭疽病苗、链格孢菌，伤口侵染。褐斑型：镰刀菌、青霉菌，属于伤口侵染的贮藏期病害。有的属于无菌性色斑。腐烂型：青霉菌、镰刀菌等。病害在采收后迅速增长，基本属于贮藏期病害，但炭疽病菌、链格孢菌可能在生长期侵入。该病发生与采后贮藏湿度、栗仁含水量，栗果的成熟度、伤口虫害发生情况等有关	加强栽培和植保管理，增强树势，提高抗病性。5 ℃下低温贮藏和运输。采后立即预贮沙藏，防止栗仁失水风干

165. 板栗园周年管理要点是什么？

12 月上旬至 3 月上旬（休眠期） 冬季修剪，结果树要精细修剪，留好结果母枝和预留枝，采集接穗；防治栗瘿蜂，栗大蚜。

3 月中旬至 3 月下旬（芽萌动期） 山地土壤解冻时追施速效性生物速效肥，施硼肥（施硼肥后浇水），用生物速效肥喷全树树干，采穗圃采接穗，并及时封蜡，中耕保墒，防栗大蚜、栗疫病。

4 月（芽萌发期） 幼树撤防寒土，并浇水，苗圃嫁接育苗；大树高接换优，防栗大蚜、栗透翅蛾。

5 月（新梢速长期） 防治红蜘蛛及栗大蚜，叶面喷施速效叶面肥。

6 月（营养生长期、花期） 除雄花序；防治红蜘蛛，刮栗疫病病斑，然后涂石硫合剂液；高接大树除砧木萌蘖及新梢摘心；嫁接苗要除萌蘖，浇水追肥；叶面喷肥；做好水土保持工作，整修梯田，修树盘，浇水。

7 月（营养生长期、幼果发育期） 扩树盘，修整梯田，蓄水保墒；压绿肥，追速效肥；施硼肥；高接大树除萌蘖，新梢摘心；防木橑尺蠖，栗皮夜蛾。

8 月（果实生长期） 叶面喷磷酸二氢钾或尿素；继续压绿肥；防治栗实象甲、栗皮夜蛾、桃蛀螟；浇水追肥。

9 月（果实采收期） 树下中耕除草、整平，做好采收准备；准备地沟，清理冷库、地窖消毒；采收栗子，及时贮藏；采收完毕，叶面喷生物速效肥，树下用秸秆、杂草覆盖保墒；喷杀虫剂或熏蒸栗果防治桃蛀螟、栗皮夜蛾。

10 月（落叶期） 施基肥，有条件灌水，应及时浇水；清理堆放栗苞、栗果场所，防治越冬虫害。

11 月（落叶期） 幼树埋土防寒，刮树皮涂白，检查贮藏的栗果。

主要参考文献

边卫东，2005. 桃生产关键技术百问百答［M］. 北京：中国农业出版社.
曹玉芬，2014. 中国梨品种［M］. 北京：中国农业出版社.
丛佩华，2015. 中国苹果品种［M］. 北京：中国农业出版社.
谷继成，王建文，房荣年，2008. 杏树栽培技术问答［M］. 北京：中国科学技术出版社.
贵林，任良玉，1998. 草莓周年生产技术问答［M］. 北京：中国农业出版社.
贺明，张喜焕，2005. 草莓生产关键技术百问百答［M］. 北京：中国农业出版社.
李绍华，2013. 桃树学［M］. 北京：中国农业出版社.
刘捍中，2005. 葡萄栽培技术［M］. 北京：金盾出版社.
龙兴桂，1993. 苹果栽培管理实用技术大全［M］. 北京：农业出版社.
龙兴桂，2000. 现代中国果树栽培·落叶果树卷［M］. 北京：中国林业出版社：812-823.
马文会，2017. 梨栽培关键技术与疑难问题解答［M］. 北京：金盾出版社.
束怀瑞，1999. 苹果学［M］. 北京：中国农业出版社.
束怀瑞，2015. 苹果标准化生产技术原理与参数［M］. 济南：山东科学技术出版社.
万仁先，毕可华，1992. 现代大樱桃栽培［M］. 北京：中国农业科技出版社.
王力荣，2012. 中国桃遗传资源［M］. 北京：中国农业出版社.
王鹏，2008. 桃高效速丰栽培新技术［M］. 郑州：中原农民出版社.
王少敏，张勇，2011. 梨省工高效栽培技术［M］. 北京：金盾出版社.
王宇霖，2011. 苹果栽培学［M］. 北京：科学出版社.
郗荣庭，2015. 中国果树科学与实践：核桃［M］. 西安：陕西科学技术出版社.
辛榻，赵亚春，2001. 草莓品种与栽培［M］. 南京：江苏科学技术出版社.
徐海英，2001. 葡萄产业配套栽培技术［M］. 北京：中国农业出版社.

严大义，才淑英，1997. 葡萄生产技术大全［M］. 北京：中国农业出版社.
杨立峰，郝峰鸽，周秀梅，2002. 鲜食杏 仁用杏栽培技术［M］. 郑州：中原农民出版社.
于国合，2005. 大樱桃——无公害农产品高效生产技术丛书［M］. 北京：中国农业大学出版社.
张克俊，1996. 果树整形修剪大全［M］. 北京：中国农业出版社.
张绍铃，2013. 梨学［M］. 北京：中国农业出版社.
张新华，李富军，2007. 枣标准化生产［M］. 北京：中国农业出版社：271-274.
张玉星，2008. 果树学栽培各论（北方本）. 第3版［M］. 北京：中国农业出版社.
张玉星，2011. 果树栽培学总论. 第4版［M］. 北京：中国农业出版社.
赵习平，2017. 杏实用栽培技术［M］. 北京：中国科学技术出版社.
钟世鹏，2011. 梨高效栽培技术［M］. 北京：中国农业科学技术出版社.
周广芳，2010. 枣优质高效生产［M］. 济南：山东科学技术出版社：127-135.
周俊义，2005. 枣高效栽培教材［M］. 北京：金盾出版社：22-37.